TERRAFUTURA

Biblioteca Aurelio Peccei

Salvatore Ceccarelli
Stefania Grando

Seminare il futuro

Perché coltivare la biodiversità?

GIUNTI

Slow Food Editore

Università di Scienze Gastronomiche di Pollenzo
University of Gastronomic Sciences of Pollenzo

Volume raccomandato
dal WWF Italia

WWF

WWF Italia – ONG Onlus

Impaginazione e redazione: Studio editoriale Littera – Rescaldina (MI)

www.giunti.it
editorinfo@slowfood.it – www.slowfoodeditore.it

Prima edizione: settembre 2019

FSC
www.fsc.org
MISTO
Carta da fonti gestite
in maniera responsabile
FSC® C115118

Stampato presso Elcograf S.p.A. – Stabilimento di Cles

Dedichiamo questo libro alle nostre quattro figlie sparse ai quattro angoli del mondo.
Un ringraziamento speciale va alle centinaia e centinaia di contadini di tanti paesi diversi che non solo hanno condiviso con noi il loro sapere, ma ci hanno accolto nelle loro case come parte delle loro famiglie.

Introduzione

Avevamo appena scritto le prime righe di questo libro quando ci siamo imbattuti in *Unsavory Truth. How Food Companies Skew the Science of What We Eat*[1] (letteralmente: «Sgradevole verità. Come le industrie alimentari distorcono la scienza di ciò che mangiamo»), la cui autrice, Marion Nestle (che precisa di non avere alcuna parentela con la Nestlé), ha un dottorato in Biologia molecolare e una lunga carriera dedicata ai problemi della nutrizione.

Fin dalle prime pagine del suo libro, la Nestle afferma di volersi concentrare sulle continue manipolazioni che la ricerca scientifica che si occupa di cibo è costretta a subire. Dice testualmente: «Gli sforzi che le industrie legate all'agricoltura (quindi anche quelle che producono gli organismi geneticamente modificati, i prodotti chimici usati in agricoltura e il cibo) fanno per influenzare la ricerca, le opinioni e le decisioni politiche sono già ben documentati». Insomma, detto in parole povere, non vale la pena discuterne ancora perché è cosa risaputa. L'autrice però non parla di semi, mentre è proprio di questi che noi vogliamo trattare. Infatti tutto il cibo proviene dai semi ed è da lì che secondo noi bisogna ricominciare, se vogliamo sperare di cambiare il modo in cui viene prodotto e di ridurre gli effetti negativi che ha sulla nostra salute, oltre a quelli che l'agricoltura e il sistema alimentare hanno sull'ambiente.

Il titolo del nostro libro parla anche di futuro, e qui, senza voler essere troppo allarmisti, siamo messi veramente male, almeno a leggere una delle riviste mediche più accreditate, se non la più accreditata, cioè «The Lancet», fondata nel 1823. Un breve articolo, meno di due pagine, a commento di un rapporto pubblicato agli inizi del 2019 dalla stessa rivista e frutto di due anni di lavoro da parte di trentasette esperti di sedici paesi,[2] dice: «Il mondo non è più in grado di alimentare le persone con una dieta sana e allo stesso tempo mantenere le risorse del pianeta», prospettando quindi un futuro pieno di incognite. E continua: «Per la prima volta in duecentomila anni di storia, l'uomo non è più in sincronia né con il pianeta né con la natura. Questa crisi sta accelerando, mettendo a dura prova i sistemi naturali – quindi acqua, suolo, aria, clima eccetera –, portandoli ai loro limiti e minacciando l'esistenza stessa degli esseri umani e di altre specie».[3] Questa influenza, di dimensioni senza precedenti, dell'uomo sul mondo che lo circonda ha portato a definire «Antropocene» l'era geologica in cui viviamo.

Il rapporto punta il dito contro il cibo, spiegando che da almeno cinquant'anni le diete non sono più ottimali dal punto di vista nutrizionale. Infatti, mentre da una parte contribuiscono in modo notevole al cambiamento climatico, dall'altra accelerano il processo di erosione della biodiversità naturale, cioè della varietà degli organismi viventi, animali e vegetali, che ci circondano, compresi i microrganismi e in particolare quelli che si trovano nel terreno.

Sul banco degli imputati c'è il sistema alimentare, cioè il complesso di processi che va dalla produzione delle materie prime alla loro trasformazione, dal trasporto – sempre in costante aumento e sempre più spesso su lunghe distanze – alla distribuzione. Gli sprechi sono presenti lungo tutta la filiera, fino ad arrivare al consumatore.

Il costo umano del sistema alimentare attuale si ritrova in queste cifre: quasi un miliardo di persone soffre la fame; quasi due miliardi mangiano troppo e male; la frequenza delle malattie non trasmissibili, come le patologie cardiovascolari e il diabete, è in aumento e le diete malsane causano ogni anno fino a undici milioni di decessi prematuri che potrebbero essere evitati.

Dietro questo sistema alimentare c'è un tipo di agricoltura, quella praticata in modo industriale, che, pur assicurando produzioni ai massimi livelli quantitativi di sempre, non è resiliente, cioè non è capace, per esempio, di assorbire senza danni le differenze di piovosità e temperatura che si verificano da un anno all'altro, e quindi è molto vulnerabile. Non è nemmeno sostenibile, perché consuma più energia di quella che produce, risultando molto meno efficiente di altri sistemi più rispettosi della natura.[4]

Sui problemi del sistema alimentare, dell'agricoltura, del cibo e della salute ci sono innumerevoli studi ma, tranne pochissime eccezioni, nessuno va alle loro radici, e cioè al seme.

Una di queste eccezioni è il rapporto presentato alle Nazioni Unite da Olivier De Schutter nel 2009,[5] in cui si sottolinea che il problema della fame nel mondo è solo in parte un problema di produzione: la disponibilità e l'accesso agli alimenti sono infatti altrettanto importanti quando si parla di diritto al cibo, uno dei diritti umani fondamentali.[6]

Nello stesso rapporto il diritto al cibo viene messo in relazione con la biodiversità, le politiche sementiere e l'innovazione: si imputa al miglioramento genetico – la scienza che con l'ausilio della genetica produce nuove varietà –, in particolare quello del settore privato, e al monopolio del mercato del seme la colpa di ridurre la biodiversità e quindi di minare la capacità dei contadini, soprattutto quelli che operano in ambienti difficili e nei paesi in via di sviluppo, di avvalersi del cosiddetto «mercato informale del seme» (lo scambio di semi tra contadini) per far fronte alle minacce derivanti da malattie, insetti e cambiamenti climatici. Questo sistema è usato dalla stragrande maggioranza dei coltivatori nel Sud dell'Asia e nell'Africa subsahariana, e sulle sue caratteristiche torneremo più avanti.

Come dicevamo, non molti di coloro che si occupano di questi problemi globali vanno alla loro radice. Ecco perché nel titolo, oltre che di futuro, si parla anche di semi.

Note

[1] Nestle M., *Unsavory Truth. How Food Companies Skew the Science of What We Eat*, Basic Books, New York 2018.

[2] Willett W., Rockström J., Loken B., Springmann M. *et al.*, *Food in the Anthropocene: The EAT-Lancet Commission on Healthy Diets from Sustainable Food Systems*, «The Lancet», 2019, 393(10170): 447-492.

[3] Lucas T., Horton R., *The 21st-Century Great Food Transformation*, «The Lancet», 2019, 393(10170): 386-387.

[4] Altieri M.A., Funes-Monzote F.R., Petersen P., *Agroecologically Efficient Agricultural Systems for Smallholder Farmers: Contributions to Food Sovereignty*, «Agronomy for Sustainable Development», 2012, 32(1): 1-13.

[5] De Schutter O., *Seed Policies and the Right to Food: Enhancing Agrobiodiversity and Encouraging Innovation*, rapporto presentato alla 64ª sessione dell'Assemblea generale delle Nazioni Unite, 21 ottobre 2009.

[6] Swaminathan M.S., *Combating Hunger*, «Science», 2012, 338(6110): 1009.

1

Il seme al centro di tutto

Alcuni dei problemi globali più frequentemente dibattuti oggi sono la povertà, la malnutrizione, che include sia la denutrizione sia l'obesità, la mancanza di acqua, la riduzione della biodiversità in generale, e di quella agricola (o agrobiodiversità) in particolare, e il cambiamento climatico. Sono spesso discussi separatamente, nonostante siano interdipendenti e la loro soluzione faccia parte degli obiettivi dello sviluppo sostenibile identificati nel settembre del 2015 da più di centocinquanta leader delle Nazioni Unite.

Collegati a questi, e al centro di essi, ci sono i semi, con i loro problemi.

Il seme è un organo vegetale interessante perché, per dirla con le parole del ricercatore americano Jack Kloppenburg, nel processo della produzione agricola si trova ai due estremi opposti, essendo sia il punto di partenza sia il punto di arrivo, come granella che mangiamo, maciniamo, trasformiamo e vendiamo.[1]

I semi sono collegati al cambiamento climatico, perché avremo sempre più bisogno di piante capaci di tollerare temperature gradualmente più alte e piovosità ridotta. In questo caso, il problema è ulteriormente complicato da tutta una serie di questioni di cui non si parla abbastanza. Una di queste riguarda i modelli di previsione del clima: nonostante vengano via via perfezionati, sono ancora molto imprecisi, e nel migliore dei casi possono prevedere – e nemmeno in questo tutti i modelli concordano – il cambiamento climatico per aree geografiche abbastanza grandi, perciò non riusciranno probabilmente a prevedere l'aumento della temperatura e la diminuzione delle precipitazioni in alcun luogo del pianeta con un grado di precisione accettabile.[2] Di conseguenza, i programmi per il miglioramento genetico vegetale, volti ad aumentare l'adattamento delle colture, hanno un obiettivo mobile, che cambia con il perfezionarsi dei modelli di previsione e in base alle diverse aree geografiche.[3] Basti pensare, per esempio, al ruolo che svolgono l'altitudine, la latitudine, l'esposizione nel caso dell'agricoltura collinare e di montagna, e il tipo di terreno.

Un altro aspetto del problema, che è sotto gli occhi di tutti ma a livello scientifico sembra sia trascurato, è la variazione non solo di temperatura e di piovosità, ma anche dell'intensità e del periodo dell'anno in cui si verifica o, in altre parole, la variabilità climatica a breve e a brevissimo termine, per esempio da un anno all'altro.[4]

L'aumento della concentrazione di anidride carbonica (CO_2), altro fattore che dipende dai mutamenti climatici, provoca la diminuzione, nelle colture cerealicole mediterranee, del contenuto di ferro e zinco, la cui carenza sta già causando la perdita di sessantatré milioni di anni di vita all'anno.[5] Esistono quindi programmi di ricerca che hanno come scopo quello di «biofortificare» con microelementi – cioè quei nutrienti che sono necessari in piccole quantità – e vitamine le colture più importanti dal punto di vista alimentare.

Il termine «biofortificazione» è stato coniato per definire il processo di miglioramento genetico attraverso il quale si aumentano la concentrazione e la biodisponibilità di micronutrienti e vitamine nelle colture alimentari.[6] Uno dei programmi più noti di biofortificazione è HarvestPlus, uno dei componenti del programma di ricerca del CGIAR – una partnership globale per un futuro alimentare sicuro – sull'agricoltura per la nutrizione e la salute. HarvestPlus, nel periodo 2003-2016, ha investito 300 milioni di dollari per sviluppare e diffondere colture ricche di ferro, zinco e vitamina A, a beneficio di circa venti milioni di persone nei paesi in via di sviluppo. I risultati di questo programma sono stati riassunti e pubblicati nel 2017.[7]

Uno degli obiettivi più importanti di HarvestPlus è appunto quello di sviluppare e diffondere colture ricche di ferro, dal momento che è uno dei micronutrienti di cui più spesso gli alimenti sono carenti: circa un terzo della popolazione mondiale è affetto da anemia e nella metà dei casi per mancanza di ferro. Diete povere o prive di ferro limitano lo sviluppo del cervello e la capacità di apprendimento, e quindi il potenziale degli individui e delle società, generazione dopo generazione. Tale carenza ha quindi conseguenze gravi, tra cui, oltre a un ritardo dello sviluppo mentale, l'aumento della debolezza e dell'affaticamento e, quando sfocia nell'anemia, delle gravidanze a rischio. Nei paesi a basso e medio reddito, circa una donna su quattro in età riproduttiva e due bambini su cinque sono anemici per carenza di ferro.

Una rassegna recente di studi condotti nelle Filippine, in India e in Ruanda sull'efficacia del riso, del miglio perla e dei fagioli biofortificati suggerisce che la somministrazione di alimenti arricchiti di ferro aumenti significativamente le concentrazioni di ferro corporeo e che gli effetti delle colture biofortificate siano maggiori nelle persone carenti di ferro fin dall'inizio del trattamento.[8]

Un'ulteriore complicazione del cambiamento climatico è la sua influenza non solo su uomini e piante, ma anche sui funghi microscopici che causano le malattie delle piante, sugli insetti, sia quelli nocivi sia quelli benefici come gli impollinatori, e sulle erbe infestanti, a loro volta organismi viventi.[9] Questo avvalora ancor più l'idea, per chi si occupa di miglioramento genetico, che il cambiamento climatico rappresenti non solo un obiettivo mobile, ma molteplici obiettivi da conseguire contemporaneamente se si vuole che le varietà da coltivare nel futuro si adattino a tutti questi mutamenti.

Una questione da non trascurare, inoltre, è l'impiego dell'acqua, perché l'agricoltura consuma il 70% dell'acqua dolce, quindi varietà capaci di produrre altrettanto bene con un utilizzo più razionale dell'irrigazione lascerebbero più acqua a disposizione per uso umano. Qui è utile ricordare che tre delle colture su cui torneremo spesso, cioè frumento, granturco e riso, in fatto di acqua fanno la parte del leone, utilizzando circa il 70% di quel 70%, cioè più o meno la metà di tutta l'acqua.

Il frumento irrigato? si chiederanno alcuni lettori. Eh già: tutto il frumento in India, gran parte di quello in Medio Oriente e Nord Africa e quello in Messico e in alcune zone degli Stati Uniti è completamente irrigato – fino a sette irrigazioni dalla semina alla raccolta –, o riceve abbondanti irrigazioni di soccorso senza le quali non potrebbe produrre.

In molti paesi del mondo, ma soprattutto in Africa e in Asia, donne e bambine sono costrette a camminare in media fino a 6 chilometri al giorno per procurarsi l'acqua, perché lì non ci sono rubinetti.[10] E, per quanto sia difficile da credere, nell'Africa subsahariana, cioè nei quaranta stati con circa un miliardo di abitanti al di sotto di Mauritania, Algeria, Tunisia, Libia ed Egitto, le persone con un cellulare sono più numerose di quelle che hanno accesso all'acqua.

Un altro aspetto interessante della relazione tra semi e acqua è l'«acqua che mangiamo», per quanto questa espressione possa suonare strana. Con ciò si intende l'acqua necessaria per produrre una certa quantità di cibo o di bevande. Le differenze sono impressionanti, come si vede nella seguente tabella.[11]

Un chilo di cibo o quantità di bevanda	**Quantità di acqua necessaria (litri)**
Cioccolata	24.000
Carne bovina	15.500
Formaggio	5000
Carne di maiale	4800
Carne di pollo	3900
Riso	3400
Mango	1600
Pane	1300
Pesche o nettarine	1200
Granturco	900
Banane	800
Mele o pere	700
Arance	460
Patate	250
Cavolfiore	200
Pomodori	180
Lattuga	130
1 tazzina di caffè	140
1 bicchiere di vino (125 ml)	120
1 bicchiere di birra di orzo (250 ml)	75
1 tazza di tè	30

I semi sono in relazione anche alla malnutrizione e alla povertà: la denutrizione infantile, soprattutto nei primi mille giorni di vita, può avere un impatto profondamente negativo sulle capacità di crescita e di apprendimento, e quindi sulle possibilità di accedere a lavori adeguatamente retribuiti e guadagnarsi di che vivere.[12] I bambini in queste condizioni, una volta adulti, non saranno in grado di nutrire in modo sano i propri figli, perpetuando il circolo vizioso di denutrizione, ritardo mentale, povertà. Questo processo è anche noto come «trappola della povertà».

Abbiamo lasciato quasi alla fine il collegamento tra semi e biodiversità, e soprattutto tra semi e agrobiodiversità, perché nel caso della biodiversità in generale e dell'agrobiodiversità in particolare c'è una grande contraddizione nella scienza: infatti, mentre la letteratura scientifica sottolinea periodicamente attraverso le pubblicazioni l'importanza dell'agrobiodiversità per la sicurezza alimentare,[13] il miglioramento genetico negli ultimi sessanta o settant'anni ha perseguito, come vedremo più avanti, quasi esclusivamente l'uniformità.[14]

Otto Frankel era uno scienziato molto noto tra coloro che si occupano di biodiversità. Nato in Austria, si considerava un genetista, ma in realtà si interessò anche di miglioramento genetico e di citologia, la scienza che studia le cellule e i loro componenti. Conobbe personalmente Nikolaj Vavilov, il famoso scienziato russo noto per il suo straordinario contributo allo studio dell'origine delle piante coltivate. Coniò inoltre, insieme a Erna Bennett, una ricercatrice irlandese che lavorò per molti anni alla FAO, termini come «risorse genetiche» ed «erosione genetica». I due scienziati scrissero anche un libro sull'importanza della biodiversità nel mondo vegetale. Qui, a proposito della contraddizione di cui parlavamo prima, ci piace ricordare Frankel per aver scritto, nel 1950: «Fin dai suoi inizi, il miglioramento genetico ha perseguito l'uniformità con grande determinazione e per questo vi sono molte ragioni: tecniche, commerciali, storiche, psicologiche, estetiche. Il concetto di purezza [genetica o varietale] è stato portato a un limite tale da diventare un nemico per l'ottenimento della massima produzione».[15] È da notare, nelle motivazioni che secondo Frankel spingono a ricercare l'uniformità, l'assenza di termini come «scientifiche» o «biologiche».

Il fatto che ancora oggi si discuta tanto di biodiversità, termine peraltro che ha cominciato a essere usato dopo la morte di Otto Frankel, il quale parlava di risorse genetiche – perché di una vera e propria risorsa si tratta –, è già di per sé un'indicazione che non fu molto ascoltato. Questo tra l'altro è sotto gli occhi di tutti, dato che il paesaggio agricolo è dominato, in gran parte del mondo industrializzato e in misura minore anche nei paesi in via di sviluppo, da estese coltivazioni con un numero sempre più ridotto di colture e varietà.

Le preoccupazioni per il declino della biodiversità sono di varia natura. Tale riduzione ha infatti aumentato la vulnerabilità delle colture:[16] l'uniformità genetica le rende incapaci di rispondere ai grandi cambiamenti climatici come a quelli repentini della temperatura e delle precipitazioni (che ormai si registrano con regolarità ogni anno), oltre che ai mutamenti di malattie, insetti ed erbe infestanti che lo stesso cambiamento climatico causa.

Prima di proseguire è forse bene chiarire che, quando si parla di biodiversità (e della sua riduzione), e in particolare di agrobiodiversità, ci si riferisce a tre distinti livelli: diversità tra specie (per esempio frumento, granturco, riso, orzo eccetera), tra varietà entro specie e tra piante entro varietà. Nell'agricoltura tradizionale i tre livelli spesso coesistono, perché i contadini coltivano contemporaneamente specie diverse e per alcune di queste più di una varietà, le quali sono molto spesso tradizionali e non uniformi dal punto di vista genetico. La riduzione dell'agrobiodiversità riguarda tutti e tre i livelli ricordati sopra.

Basti pensare che si calcolano circa duecentocinquanta-trecentomila specie vegetali descritte, di cui l'uomo nel corso della storia ne ha utilizzate circa settemila per vari usi (cibo, medicine, tessuti, costruzioni, manufatti eccetera), mentre ora solo trenta colture forniscono il 95% della domanda globale di alimenti[17] e quattro (frumento, riso, granturco e patata) fanno la parte del leone.[18] Inoltre, il numero di varietà delle specie che ci fornisce la maggior parte delle calorie è molto ridotto rispetto al passato. Infine, per quanto riguarda le piante delle varietà moderne, sono tutte pressoché identiche geneticamente.

Vi sono numerosi esempi nella storia di come tutto questo aumenti la vulnerabilità delle colture. Uno degli ultimi viene dal frumento: lo studio in questione mostra che le produzioni di frumento, per il quale si coltivano varietà uniformi, a causa della variabilità climatica, oscillano del 31-51% nell'Europa occidentale, del 15-45% in Italia e Grecia e di oltre il 75% nel Sud della Spagna. Ciò suggerisce che gli attuali programmi di miglioramento genetico e le tecniche di selezione non producano varietà adatte alla variabilità e incertezza climatica.[19]

Il cambiamento climatico e l'agrobiodiversità sono pertanto intimamente legati, in quanto la diversità è la condizione necessaria per l'adattamento delle colture al cambiamento climatico, ed entrambi sono perciò associati ai semi.

Infine, il seme è legato alla salute: le tre colture da cui proviene circa il 60% delle calorie che consumiamo, cioè il frumento, il riso e il granturco, sono molto meno nutrienti di altre, come per esempio l'orzo,[20] il miglio e il sorgo,[21] che hanno anche minor bisogno di acqua. Da quando abbiamo imparato a conoscerne le caratteristiche, di cui parleremo più in dettaglio nel capitolo dedicato ai cibi intelligenti, ci piace pensare al miglio e al sorgo come alle «piante del futuro».

Allargando la prospettiva, non è soltanto la biodiversità vegetale a essere fortemente ridotta: quella animale non si trova certo in condizioni migliori, con i polli allevati in batteria che rappresentano il 70% di tutti gli uccelli e i bovini allevati in modo intensivo che sono il 60% di tutti i mammiferi.[22] Inoltre, se le cose non dovessero cambiare, nel 2050 gli oceani conterranno, in peso, più plastica che pesci. C'è poi un'altra biodiversità su cui dobbiamo porre attenzione, anch'essa legata al seme e alla salute, ed è quella dentro di noi, più precisamente dentro il nostro intestino.

Note

[1] Kloppenburg J., *Impeding Dispossession, Enabling Repossession: Biological Open Source and the Recovery of Seed Sovereignty*, «Journal of Agrarian Change», 2010, 10(3): 367-388.

[2] Palmer T., *Climate Forecasting: Build High-Resolution Global Climate Models*, «Nature», 2014, 515(7527): 338-339.

[3] Ceccarelli S., *Drought*, in Jackson M., Ford-Lloyd B.V., Parry M.L. (a cura di), *Plant Genetic Resources and Climate Change*, CABI, Boston 2014, pp. 221-235.

[4] Baethgen W.E., *Climate Risk Management for Adaptation to Climate Variability and Change*, «Crop Science», 2010, 50: S70-S76.

[5] Myers S.S., Zanobetti A., Kloog I., Huybers P. *et al.*, *Increasing CO_2 Threatens Human Nutrition*, «Nature», 2014, 510(7503): 139-142.

[6] Welch R.M., Graham R.D., *Breeding for Micronutrients in Staple Food Crops from a Human Nutrition Perspective*, «Journal of Experimental Botany», 2004, 55(396): 353-364.

[7] Bouis H.E., Saltzman A., *Improving Nutrition Through Biofortification: A Review of Evidence from HarvestPlus, 2003 Through 2016*, «Global Food Security», 2017, 12: 49-58.

[8] Finkelstein J.L., Haas J.D., Mehta S., *Iron-Biofortified Staple Food Crops for Improving Iron Status: A Review of the Current Evidence*, «Current Opinion in Biotechnology», 2017, 44: 138-145.

[9] Deutsch C.A., Tewksbury J.J., Tigchelaar M., Battisti D.S. *et al.*, *Increase in Crop Losses to Insect Pests in a Warming Climate*, «Science», 2018, 361(6405): 916-919.

[10] Catley-Carlson M., *Environment: Water, Water Everywhere...*, «Nature», 2011, 473: 27-28.

11 Hoekstra A.Y., Chapagain A.K., *Globalization of Water: Sharing the Planet's Freshwater Resources*, Blackwell Publishing, Malden 2008.

12 Save the Children, *Nutrition in the First 1000 Days*, State of the World's Mothers 2012.

13 Una molto nota è: Zimmerer K.S., de Haan S., *Agrobiodiversity and a Sustainable Food Future*, «Nature Plants», 2017, 3(4): 17047. Inoltre si segnala la più recente: Stoett P., Davies J., Armenteras D., Hills J. *et al.*, *Biodiversity. Global Environment Outlook Geo-6: Healthy Planet, Healthy People*, Cambridge University Press, Cambridge 2019.

14 Frison E.A., Cherfas J., Hodgkin T., *Agricultural Biodiversity Is Essential for a Sustainable Improvement in Food and Nutrition Security*, «Sustainability», 2011, 3: 238-253.

15 Frankel O.H., *The Development and Maintenance of Superior Genetic Stocks*, «Heredity», 1950, 4(1): 89-102.

16 Keneni G., Bekele E., Imtiaz M., Dague K., *Genetic Vulnerability of Modern Crop Cultivars: Causes, Mechanism and Remedies*, «International Journal of Plant Research», 2012, 2(3): 69-79.

17 FAO, *Il patrimonio genetico mondiale decisivo per la sopravvivenza dell'umanità*, 30° anniversario della Commissione sulle risorse genetiche per l'alimentazione e l'agricoltura, Roma, 15 aprile 2013.

18 Esquinas-Alcázar J., *Protecting Crop Genetic Diversity for Food Security: Political, Ethical and Technical Challenges*, «Nature Reviews Genetics», 2005, 6(12): 946-953.

19 Kahiluoto H., Kaseva J., Balek J., Olesen J.E. *et al.*, *Decline in Climate Resilience of European Wheat*, «Proceedings of the National Academy of Sciences», 2019, 116(1): 123-128.

20 Grando S., Macpherson H.G. (a cura di), *Food Barley: Importance, Uses and Local Knowledge. Proceedings of the International Workshop on Food Barley Improvement, Hammamet, Tunisia, 14-17 January, 2002*, ICARDA, Aleppo 2005.

21 Dwivedi S., Upadhyaya H., Senthilvel S., Hash C. *et al.*, *Millets: Genetic and Genomic Resources*, «Plant Breeding Reviews», 2011, 35(1): 247-375.

22 Bar-On Y.M., Phillips R., Milo R., *The Biomass Distribution on Earth*, «Proceedings of the National Academy of Sciences», 2018, 115(25): 6506-6511.

2

Biodiversità e salute

Recentemente il mondo scientifico, e in particolare quello medico, ha associato il declino della biodiversità all'aumento di malattie a base infiammatoria, le quali rappresentano una gamma molto vasta di affezioni, dal colon irritabile alla colite ulcerosa, dai disordini cardiovascolari a diversi disturbi epatici, fino a molti tipi di tumore. Tale aumento pare sia causato dall'indebolimento delle nostre difese immunitarie, a sua volta probabilmente dipendente dalla minore biodiversità vegetale.[1]

Ancora più di recente l'associazione tra il microbiota intestinale – è così che si chiama il complesso di batteri, virus, funghi, lieviti e protozoi che si trova nel nostro intestino e che alcuni chiamano anche microbioma, nonostante questo indichi i geni del microbiota – e il nostro sistema immunitario, e quindi la possibilità o meno di contrarre malattie a base infiammatoria, è stata ulteriormente confermata.[2]

Il microbiota pesa in media ben 2 chilogrammi – si pensi che il cervello umano pesa fino a un chilogrammo e mezzo – e contiene pertanto miliardi di microrganismi che svolgono tutta una serie di funzioni importanti, dalla sintesi di vitamine e di aminoacidi essenziali, al completamento della digestione di ciò che non è stato interamente scomposto a monte. Alcuni dei prodotti di queste attività rappresentano una fonte di energia importante per le cellule della parete intestinale e contribuiscono alla immunità intestinale.

Il microbiota è fortemente influenzato dalla dieta, che può modificarne la composizione in sole ventiquattr'ore, mentre ne occorrono quarantotto, dopo aver ripristinato di nuovo l'alimentazione precedente, prima che torni alle condizioni iniziali.[3]

Uno studio recente, pubblicato a gennaio del 2018, ha dimostrato che il microbiota di pazienti affetti da melanoma e capaci di rispondere a una terapia immunitaria è differente e più vario di quello dei pazienti che non rispondono alla terapia. La ricerca ha concluso che la composizione e la diversità del microbiota sono importanti nel determinare l'immunità antitumorale. Questo risultato ha trovato conferma nella reazione dei topi di laboratorio al trapianto fecale dai pazienti che avevano risposto alla terapia.[4] Il trapianto fecale consiste nel trasferire il microbiota da un paziente sano a uno affetto da una patologia e sta diventando una pratica diffusa per il trattamento di malattie che non rispondono agli antibiotici, come per esempio la colite provocata da *Clostridium difficile*, un batterio che facilmente sviluppa resistenza.

Il microbiota sembra coinvolto anche in diversi disturbi neuropsichiatrici, come la depressione, la schizofrenia, l'autismo e l'ansia, oltre che nella risposta agli stress[5] e nella qualità della vita in generale.[6] Questo è dovuto in parte al danno che i processi infiammatori causano alla mielina, la guaina che circonda i neuroni, alterando così la normale trasmissione degli impulsi nervosi, e in parte alla capacità del microbiota di produrre o di scindere molecole che interferiscono con il sistema nervoso.

È naturale quindi che, avendo il microbiota un ruolo così importante nella nostra salute fisica e mentale da una parte, ed essendo così influenzabile dall'alimentazione dall'altra, ci siano molti studi sull'effetto delle varie diete (occidentale, onnivora, mediterranea, vegetariana, pescetariana, vegana eccetera) sulla composizione e la diversità del microbiota stesso.[7]

Tra i componenti della dieta studiati più spesso vi sono le proteine e i grassi. Un'alimentazione troppo ricca in proteine sembra essere associata alla malattia nota come intestino irritabile. Molti studi si sono concentrati in particolare sull'effetto delle proteine animali, a confronto con le proteine vegetali, e sembra che una dieta ricca di proteine animali aumenti la frequenza di cancro e diabete, mentre una ricca di proteine di origine vegetale aumenta il numero di batteri benefici come i lattobacilli. Nel caso dei grassi invece è ormai accertato che quelli saturi, cioè quelli che si trovano in cibi di origine animale come le carni bovine, ovine e suine, la panna, il latte e il burro innalzano il rischio di malattie cardiovascolari a causa del colesterolo; al contrario quelli insaturi, che si trovano soprattutto nel pesce azzurro e in cibi di origine vegetale quali frutta secca (pistacchi, arachidi, noci e mandorle), olive e olio di oliva sono benefici. I primi, come è noto, abbondano nella dieta cosiddetta occidentale, che dal punto di vista salutistico è probabilmente la peggiore.

Tuttavia, le conclusioni degli studi sull'effetto delle diverse diete non sempre concordano; ciò su cui tutti i nutrizionisti sembrano essere d'accordo è che la varietà dei regimi alimentari è di fondamentale importanza per avere un microbiota sano.

E qui cominciano i problemi. Come facciamo ad avere una dieta diversificata se, come detto prima, il 60% delle nostre calorie deriva da appena tre specie vegetali, cioè frumento, riso e granturco?[8] E come facciamo a variare l'alimentazione se quasi tutto il cibo che mangiamo è prodotto da varietà le quali, affinché il seme possa essere legalmente commercializzato – e quindi i loro prodotti possano trovarsi legalmente nei supermercati –, debbono essere iscritte a un catalogo che si chiama registro varietale, in cui vengono accettate solo varietà di piante che siano distinte, uniformi e stabili?

La legge, per quanto riguarda l'Unione Europea, precisa che una varietà è distinta se si differenzia per uno o più caratteri importanti da qualsiasi altra nota al momento della presentazione della domanda d'iscrizione al registro varietale; inoltre, è sufficientemente uniforme se le piante che la compongono, a parte qualche rara aberrazione, sono geneticamente simili o identiche per un insieme di caratteristiche, quali, per esempio nel caso del frumento, altezza della pianta, forma e lunghezza della spiga, colore della granella, e molte altre; infine è stabile se resta conforme alla definizione dei suoi caratteri essenziali al termine delle riproduzioni o moltiplicazioni successive. Se una varietà è uniforme si dà per scontato che sia anche stabile. La legge aggiunge che una nuova varietà deve anche avere delle caratteristiche desiderabili per la coltivazione, ma i requisiti dell'uniformità e della stabilità sono quelli che maggiormente preoccupano per gli effetti sulla salute e per le conseguenze sull'adattamento al cambiamento climatico.

È chiaro che tra la necessità di una dieta diversificata discussa finora e consigliata dalla medicina, e l'uniformità imposta per legge alle colture c'è una forte contraddizione. Come c'è un'ovvia contraddizione tra uniformità e stabilità da una parte e il bisogno di adattare le colture al cambiamento climatico dall'altra.

Le leggi sui semi sono cosa abbastanza recente. Fino al XIX secolo, i contadini conservavano i loro semi che scambiavano liberamente con i vicini. Durante i primi anni del XX secolo, programmi di certificazione che promettevano semi di qualità migliore e più uniforme cominciarono a diffondersi negli Stati Uniti. I coltivatori iniziarono allora a procurarsi i semi da piccole ditte a conduzione famigliare specializzate nella moltiplicazione di varietà che erano di dominio pubblico essendo perlopiù prodotte da programmi di miglioramento genetico condotti da università e da istituti di ricerca pubblici. Questa tendenza cambiò di nuovo con l'introduzione degli ibridi di granturco intorno al 1930, che condusse a una progressiva concentrazione del mercato sementiero.

Come vedremo più avanti, i regolamenti in fatto di semi, almeno in Europa, non sembrano più così immutabili come lo erano soltanto pochi anni fa; tuttavia, una serie notevole di danni è già stata provocata.

Note

[1] von Hertzen L., Hanski I., Haahtela T., *Natural Immunity. Biodiversity Loss and Inflammatory Diseases Are Two Global Megatrends that Might Be Related*, «EMBO Reports», 2011, 12(11): 1089-1093.

[2] Khamsi R., *A Gut Feeling About Immunity*, «Nature Medicine», 2015, 21: 674-676.

[3] Singh R.K., Chang H.W., Yan D., Lee K.M. *et al.*, *Influence of Diet on the Gut Microbiome and Implications for Human Health*, «Journal of Translational Medicine», 2017, 15(1): 73.

[4] Gopalakrishnan V., Spencer C.N., Nezi L., Reuben A. *et al.*, *Gut Microbiome Modulates Response to Anti-PD-1 Immunotherapy in Melanoma Patients*, «Science», 2018, 359(6371): 97-103.

[5] Hoban A.E., Stilling R.M., Ryan F.J., Shanahan F. *et al.*, *Regulation of Prefrontal Cortex Myelination by the Microbiota*, «Translational Psychiatry», 2016, 6: e774.

[6] Valles-Colomer M., Falony G., Darzi Y., Tigchelaar E.F. *et al.*, *The Neuroactive Potential of the Human Gut Microbiota in Quality of Life and Depression*, «Nature Microbiology», 2019, 4(4): 623-632.

[7] Singh R.K., Chang H.W., Yan D., Lee K.M. *et al.*, *Influence of Diet on the Gut Microbiome and Implications for Human Health*, cit.

[8] Thrupp L.A., *Linking Agricultural Biodiversity and Food Security: The Valuable Role of Agrobiodiversity for Sustainable Agriculture*, «International Affairs», 2000, 76(2): 265-281.

3

Di chi sono i semi?

La situazione della biodiversità e le conseguenze che la sua diminuzione ha sulla nostra salute, oltre che su quella del pianeta, sono aggravate dal fatto che, accanto a un oligopolio del cibo, esiste anche un oligopolio del seme, da cui tutto il cibo, direttamente o indirettamente, proviene. Il mercato mondiale del seme infatti, un mercato che vale miliardi di dollari, per oltre il 50% è nelle mani di poche grandi corporazioni,[1] note spesso come multinazionali, alcune delle quali controllano contemporaneamente un altro mercato multimiliardario, cioè quello dei pesticidi (erbicidi, insetticidi e anticrittogamici). Il valore totale del fatturato dalle ditte sementiere, 48,5 miliardi di dollari nel 2015, può fare impressione, ma rappresenta meno dell'1% del fatturato totale del settore alimentare, che si stima aggirarsi intorno ai 5000-6000 miliardi di dollari.[2] Così per esempio, mentre nel 2016 la Monsanto fatturava 10 miliardi di dollari in semi prima della fusione con la Bayer, Walmart Inc. – una multinazionale americana che gestisce ipermercati, grandi magazzini, discount e negozi di alimentari – fatturava 485 miliardi di dollari.[3]

La progressiva concentrazione delle ditte sementiere è avvenuta soprattutto negli ultimi trent'anni e ha subito un'accelerazione a partire dagli anni Duemila, in parte dopo l'introduzione sul mercato di organismi geneticamente modificati.

Gli organismi geneticamente modificati (OGM) sono ottenuti artificialmente con tecniche di ingegneria genetica: si introducono in un organismo, nel nostro caso una pianta, uno o più geni provenienti, di solito, ma non solo, da batteri. Si tratta quindi di un processo che in natura non potrebbe avvenire.

Quelli più conosciuti sono gli OGM resistenti a un certo numero di insetti e quelli resistenti agli erbicidi. I primi sono coltivati su circa 25 milioni di ettari e rappresentano il 14% della superficie totale coltivata a OGM, mentre i secondi sono di gran lunga più diffusi, essendo coltivati su circa 96 milioni di ettari e rappresentando il 53% della superficie totale coltivata a OGM. Poi ci sono anche quelli che combinano le due resistenze e che sono coltivati su circa 58 milioni di ettari, il 33% della superficie totale coltivata a OGM.[4]

Le colture dove gli OGM sono più comuni sono quelle di granturco, soia, colza, cotone ed erba medica.

Gli OGM resistenti agli insetti sono ottenuti inserendo nelle piante il gene di un batterio, il *Bacillus thuringiensis*, che produce una tossina che uccide gli insetti quando attaccano la pianta. Questi OGM sono conosciuti come Bt, dalle iniziali del nome scientifico del batterio, e così si parla, per esempio, di granturco-Bt, soia-Bt, cotone-Bt. Studi recenti mettono in dubbio che queste tossine agiscano in modo specifico contro gli insetti nocivi senza danneggiare anche insetti che nocivi non sono.[5]

La categoria più diffusa di OGM è quella resistente all'erbicida più usato al mondo, cioè il glifosato. In questo caso la resistenza è ottenuta introducendo nella pianta il gene di un batterio del suolo. Queste piante possono quindi essere tranquillamente diserbate con il glifosato senza subire alcun danno. Di questi OGM si è parlato molto e si continua a parlarne per il possibile effetto cancerogeno del diserbante.

Gli OGM rappresentano un grosso investimento da parte delle grandi ditte sementiere, che si assicurano di ottenere un ritorno finanziario con uno stretto controllo del mercato delle sementi. Per fare un esempio, nel 2009 il 40% dei contadini dell'Illinois non ebbe accesso a seme di ibridi di granturco che non fosse geneticamente modificato (GM).[6] Questa drastica limitazione nella libertà dei contadini di scegliere cosa coltivare va tenuta presente quando si sentono gli scienziati protestare contro le attuali norme che regolano la coltivazione degli OGM in Italia perché violerebbero la libertà della ricerca scientifica.

È bene chiarire fin da subito che OGM e ibridi sono due cose completamente diverse, anche se ogni tanto i due termini sono usati come se fossero sinonimi.

Gli ibridi sono frutto di incroci programmati, cioè si scelgono i genitori tra piante della stessa specie, che già di norma si incrociano, anche se di solito in maniera casuale. Gli OGM sono invece, come abbiamo visto, organismi che non si possono formare naturalmente, perché si ottengono introducendo in una pianta uno o più geni presi da un organismo (spesso un batterio) con cui non potrebbe mai accoppiarsi.

Torniamo però al monopolio dei semi, e in particolare al fatto, preoccupante, che chi li vende produce anche pesticidi e ultimamente farmaci. Mentre le conseguenze per la salute causate dal cibo proveniente da colture OGM – uno degli argomenti più sfruttati da chi è contro gli OGM – sono molto controverse, è stato accertato al di là di ogni ragionevole dubbio che esiste una relazione stretta tra esposizione a pesticidi e aumento di malattie come diversi tipi di cancro, diabete, Parkinson, Alzheimer, SLA (sclerosi laterale amiotrofica), di difetti alla nascita e di disturbi riproduttivi.[7] Una ricerca condotta dall'Università di Berkeley alla fine degli anni Novanta su bambini cresciuti in una zona agricola della California ha ottenuto risultati molto inquietanti, riscontrando ritardi mentali, disturbi dell'attenzione e del normale sviluppo sessuale del cervello.[8] Nella pubblicazione si cita Bruce Lanphear per aver detto: «I pesticidi sono stati creati per essere neurotossici. Perché ci si sorprende se causano neurotossicità?».

A questo punto sarebbe veramente il caso di parlare di pericolo, se non proprio di morte, perlomeno di contrarre malattie a causa del cibo, e quindi di chiedersi: cosa possono fare i consumatori?

Risponderemo a questa domanda quando parleremo di agricoltura biologica, ma prima è interessante vedere come si sia cercato di screditare l'antico sistema di produzione e distribuzione del seme, che esisteva da molto prima dell'avvento del miglioramento genetico ed è stato praticato per millenni, e che in molte regioni è ancora il sistema dominante. In questo modo il mercato, da prevalentemente pubblico, è passato per gradi in mani private, precisamente di quelle stesse corporazioni che oggi ne hanno il controllo.

La comunità internazionale ha investito milioni di dollari per promuovere nei paesi in via di sviluppo delle pratiche simili a quelle dei paesi sviluppati, sostenendo che il sistema sementiero dei contadini (detto anche sistema sementiero informale) fosse affetto da tutta una serie di problemi. In realtà il sistema sementiero informale è complesso e nonostante la ricerca nel settore abbia fatto progressi significativi, ci sono ancora idee sbagliate sulla natura e importanza del sistema sementiero dei contadini:[9]

1. distribuzione del seme inefficiente;
2. sistema chiuso e conservatore;
3. sistema che assicura uno scambio egalitario di seme;
4. sistema destinato a diventare sempre più debole e a scomparire.

Come ormai capita troppo di frequente nella scienza, nessuna di queste affermazioni si basa su evidenze scientifiche, anzi, la ricerca sulle dinamiche dei sistemi informali le ha spesso contraddette.

Innanzitutto non è vero che il sistema sementiero contadino sia caratterizzato da un'inefficiente distribuzione. È vero invece il contrario: è il sistema cosiddetto formale, cioè quello commerciale, a essere poco efficiente,[10] riuscendo a coprire, in molti dei paesi dove il monopolio delle grandi corporazioni non è ancora arrivato, soltanto il 10% del fabbisogno di seme. Anche per quelle colture che ricevono molto supporto a livello statale, come per esempio il granturco, rimane comunque al di sotto del 20%. Anche se non esistono stime precise, il sistema sementiero contadino copre l'80-90% del fabbisogno di seme con il vantaggio, rispetto a quello commerciale, di fornire molta più diversità: questo è stato documentato in colture come granturco, orzo, frumento, cassava, miglio, sorgo, quinoa e altre.

Si sente dire spesso che la qualità, intesa come purezza e germinabilità, del seme che circola nel sistema informale sia inferiore e insoddisfacente rispetto a quella del seme del sistema commerciale. Non vi sono molte ricerche che lo dimostrino. Ne ricordiamo una condotta in Siria presso l'International Center for Agricultural Research in the Dry Areas (ICARDA) – il Centro internazionale del CGIAR dove abbiamo lavorato per quasi trent'anni –, la quale dimostrò che non vi erano differenze significative tra la qualità del seme contadino e quella del seme commerciale.[11] Uno studio condotto in Burkina Faso da Bioversity International, un altro centro del CGIAR, ha analizzato la distribuzione sementiera del paese e ha evidenziato la presenza di un sistema tradizionale o informale, che ancora oggi continua a fornire seme all'80% dei produttori, e di uno formale. Le due modalità sembrano convivere, con attori, prodotti e metodi di funzionamento diversi e molto specifici. Tuttavia, mentre la maggior parte delle politiche agricole e degli investimenti per produzione, marketing e distribuzione di seme è rivolta principalmente al sistema formale, le preoccupazioni dei produttori in relazione alle sementi, che sono molteplici, includono la disponibilità di varietà che si adattino ai loro bisogni, l'accessibilità ai finanziamenti, la qualità e il rischio di contraffazione e frode.[12]

Non è nemmeno vero che il sistema sementiero contadino sia un sistema chiuso e conservatore, impermeabile all'innovazione, dove circolano soltanto le vecchie varietà locali; è stato invece dimostrato che immettere piccole quantità di seme di nuove varietà nel sistema contadino è una modalità di diffusione molto efficace.[13] Lo scambio di semi tra contadini e le inevitabili contaminazioni e miscugli sono spesso all'origine di innovazioni varietali che non sfuggono agli occhi attenti dei piccoli coltivatori.

Le reti sementiere dei contadini sono tutt'altro che un sistema che assicura uno scambio egalitario di seme. Le numerose ricerche al riguardo dimostrano che la circolazione del seme nelle comunità rurali può andare incontro a molte limitazioni dovute allo stato sociale: vedove, orfani o affittuari possono avere più difficoltà di altri a ottenerne, oppure possono andare incontro a barriere di natura linguistica. Sono gli stessi contadini a decidere con chi scambiare seme e con chi no. La condizione economica ha a sua volta un'influenza e spesso chi dona il seme aumenta il proprio prestigio.[14] La labilità e malleabilità della struttura sociale rurale fornisce ai contadini diverse opportunità per approvvigionarsi.

Infine, le politiche di «modernizzazione» dell'agricoltura in atto nei paesi in via di sviluppo includono, oltre ai prodotti chimici, anche i semi, quindi sembrano fatte apposta per far scomparire il sistema sementiero contadino. Lo vediamo anche in Italia, dove innovazione sembra significare soltanto biotecnologia. Questo accade soprattutto perché, nel caso dei semi, le politiche di modernizzazione si basano sull'uso di varietà moderne, che rispondono ai criteri legislativi di distinguibilità, uniformità e stabilità, imponendo allo stesso tempo regole che limitano quali varietà e quali soggetti possono essere coinvolti nella circolazione dei semi. Si tratta di cose già viste. Per esempio nella Francia del dopoguerra, quando il governo soppresse la distribuzione delle varietà tradizionali per favorire le varietà migliorate.[15]

Dei quattro punti discussi questo, per quanto riguarda le strategie che noi abbiamo perfezionato per consentire ai contadini di reimpossessarsi della proprietà del seme, è il più importante e verrà approfondito quando parleremo delle popolazioni evolutive. Anche perché con le recenti aperture a nuove normative sementiere, in Europa si sono venute a creare prospettive impensabili fino a solo qualche anno fa.

Ci sono quattro buoni motivi per pensare che il sistema sementiero contadino durerà ancora molto a lungo:

1. come indicano numerosi studi, i contadini scambiano denaro e servizi per avere accesso ai semi da mercati locali, negozi o contadini vicini, loro fonte principale. Non hanno pregiudizi riguardo all'inclusione di varietà moderne, ma solo dopo che esse si sono dimostrate utili, né riguardo alla commercializzazione del seme;
2. il sistema sementiero contadino include molte specie, per esempio di ortaggi locali, che sono perlopiù ignorate dal sistema formale, anche perché, pur essendo trattate dal sistema sementiero formale, i contadini continuano a preferire i semi delle varietà locali per

questioni di qualità, accessibilità e minor rischio. Inoltre, il sistema informale ha anche una componente di relazioni sociali e di prestigio che va oltre la necessità di procurarsi il seme;

3. le norme che limitano gli scambi informali di semi sono difficili da implementare, soprattutto laddove i contadini hanno buoni motivi per proseguire con queste pratiche;
4. sia in Europa sia in Nord America i contadini hanno notevolmente rafforzato e migliorato i sistemi sementieri esistenti per controbattere le restrizioni imposte dalle leggi sementiere e dalla commercializzazione dei semi con lo scopo di continuare a coltivare le vecchie varietà e di mantenere l'agrobiodiversità.

Visto che il sistema sementiero contadino è tutt'altro che inefficiente e al contrario ha tutta una serie di vantaggi, viene da chiedersi come mai, anziché cercare di imporne uno inefficiente, non si sia pensato di organizzare il miglioramento genetico in modo che le varietà da esso prodotte diventassero parte di quel sistema.

Questo è quello che noi abbiamo fatto, prima con il miglioramento genetico partecipativo, a partire dal 1995, e poi con il miglioramento genetico evolutivo, a partire dal 2008.

Note

[1] Bonny S., *Corporate Concentration and Technological Change in the Global Seed Industry*, «Sustainability», 2017, 9(9): 1632.

[2] *Ibidem*.

[3] *Ibidem*.

[4] Pellegrino E., Bedini S., Nuti M., Ercoli L., *Impact of Genetically Engineered Maize on Agronomic, Environmental and Toxicological Traits: A Meta-analysis of 21 Years of Field Data*, «Scientific Reports», 2018, 8(1): 3113.

[5] Hilbeck A., Defarge N., Bøhn T., Krautter M. *et al.*, *Impact of Antibiotics on Efficacy of Cry Toxins Produced in Two Different Genetically Modified Bt Maize Varieties in Two Lepidopteran Herbivore Species,* Ostrinia nubilalis *and* Spodoptera littoralis, «Toxins», 2018, 10(12): pii: E489.

[6] Howard P.H., *Intellectual Property and Consolidation in the Seed Industry*, «Crop Science», 2015, 55: 1-7.

[7] Mostafalou S., Abdollahi M., *Pesticides and Human Chronic Diseases: Evidences, Mechanisms, and Perspectives*, «Toxicology and Applied Pharmacology», 2013, 268(2): 157-177.

[8] Mascarelli A., *Growing Up with Pesticide*, «Science», 2013, 341(6147): 740-741.

[9] Coomes O.T., McGuire S.J., Garine E., Caillon S. *et al.*, *Farmer Seed Networks Make a Limited Contribution to Agriculture? Four Common Misconceptions*, «Food Policy», 2015, 56: 41-50.

[10] Bishaw Z., Turner M., *Linking Participatory Plant Breeding to the Seed Supply System*, «Euphytica», 2008, 163(1): 31-44.

[11] Bishaw Z., Struik P.C., van Gastel A.J.G., *Farmers' Seed Sources and*

Seed Quality: 1. Physical and Physiological Quality, «Journal of Crop Improvement», 2012, 26(5): 655-692.

[12] Djamen P., Ouattara S., *Secteur semencier au Burkina Faso: Recommandations pour une meilleure integration des producteurs*, «Bioversity International», Ouagadougou 2017.

[13] Aw-Hassan A., Mazid A., Salahieh H., *The Role of Informal Farmer-to-Farmer Seed Distribution in Diffusion of New Barley Varieties in Syria*, «Experimental Agriculture», 2008, 44(3): 413-431.

[14] Mcguire S.J., *Securing Access to Seed: Social Relations and Sorghum Seed Exchange in Eastern Ethiopia*, «Human Ecology», 2008, 36(2): 217-229.

[15] Bonneui C., Thomas F., *Purifying Landscapes: The Vichy Regime and the Genetic Modernization of France*, «Historical Studies in the Natural Sciences», 2010, 40(4): 532-568.

4

Quando il cibo vale molto... ma per qualcun altro

Come abbiamo già avuto modo di spiegare, i problemi del mondo quali povertà, fame, malnutrizione, biodiversità, malattie e cambiamento climatico sono tutti in qualche modo riconducibili ai semi, il che farebbe risalire al controllo da parte di poche corporazioni di semi, pesticidi, farmaci e cibo la causa di tutti i problemi.

La questione è invece ancora più a monte, ancora più grande e ancora più complessa, perché risale alla scoperta, relativamente recente, della possibilità di rendere i prodotti agricoli e il cibo oggetto di speculazioni finanziarie molto redditizie. Così oggi le maggiori società di gestione patrimoniale detengono considerevoli pacchetti azionari delle corporazioni dei semi, dei pesticidi e del cibo, determinandone le priorità (i dividendi degli azionisti piuttosto che la sicurezza alimentare e il benessere delle persone e del pianeta) e perfino le megafusioni, cui abbiamo già assistito.

Ma andiamo con ordine.

In *Risky Returns: The Implications of Financialization in the Food System*, Jennifer Clapp e Ryan Isakson, della facoltà di Scienze dell'ambiente dell'Università di Waterloo in Canada, ricostruiscono la storia di come, per dirla chiaramente, per la speculazione finanziaria cibo, semi e petrolio siano diventati la stessa cosa.[1] Alcuni dati vengono da *Bigger Is Not Always Better: Drivers and Implications of the*

Recent Agribusiness Megamergers, scritto sempre da Jennifer Clapp nel 2017.[2]

A questo punto il lettore potrebbe chiedersi perché noi, all'improvviso, ci siamo interessati di finanza internazionale, ma confidiamo che questa perplessità non duri a lungo.

L'opportunità di diffondere queste informazioni è giustificata dal fatto che, verso la fine dell'articolo, gli autori sembrano quasi alzare bandiera bianca, dicendo: «L'alto grado di complessità degli strumenti finanziari li ha resi opachi alla società civile e a quei legislatori che cercano di promuovere una riforma del settore agroalimentare». Come dire che non c'è più nulla da fare, ma noi su questo non siamo ovviamente d'accordo.

Il cibo soddisfa altri appetiti

I legami tra cibo, agricoltura e finanza sono vecchi di secoli, ma è solo di recente che la speculazione ha trasformato tutta la catena alimentare: dalla fornitura di input alla proprietà terriera, dalle scelte di cosa coltivare al commercio delle materie prime (le *commodities*), dalla trasformazione dei prodotti alimentari alla loro vendita.

L'investimento finanziario nel settore agroalimentare è caratterizzato da tre aspetti fondamentali da tenere in considerazione: apre nuove possibilità per l'accumulo di capitale; dà priorità ai dividendi degli azionisti piuttosto che ad altri valori; attribuisce un valore economico a tutte le pratiche quotidiane di interventi sociali, come la sicurezza sul lavoro, la sicurezza e il valore nutritivo del cibo, la riduzione della povertà, il calo delle emissioni di gas serra eccetera.

Tale interferenza ha importanti conseguenze sulla sostenibilità ecologica e sociale del cibo e dell'agricoltura, in quanto:

1. contribuisce alla concentrazione di potere e di ricchezza accentuando le disuguaglianze già esistenti nei sistemi alimentari;
2. aumenta la vulnerabilità economica ed ecologica del sistema agroalimentare minandone così la resilienza;
3. impedisce o «annacqua» le richieste della collettività di cambiamento, rendendo difficili i tentativi di attenuarne gli effetti con leggi e regolamenti.

Prese insieme, queste tre conseguenze rappresentano un ostacolo alla capacità dei sistemi alimentari di assicurare i mezzi di sussistenza nel lungo periodo e hanno ricadute diverse: mentre le grandi industrie dell'agroalimentare sono quelle che beneficiano maggiormente di questa trasformazione, aumentando il loro potere e la loro ricchezza, i contadini, i consumatori e il pianeta pagano il prezzo più grande, anche se non tutti nella stessa misura.

Un po' di storia

Lo scambio di materie prime legate all'agricoltura è iniziato in Olanda, Giappone e Inghilterra tra il XVI e il XVII secolo e negli Stati Uniti tra il XVIII e il XIX. C'è sempre stato il sospetto che la speculazione su questi mercati facesse aumentare i prezzi, e quindi per un certo periodo furono imposte regole abbastanza rigide, che però non sono durate a lungo.

A cominciare dagli anni Ottanta del XX secolo, e sotto la pressione di grossi investitori finanziari come Goldman Sachs e Deutsche Bank, i mercati delle materie prime sono stati, nel tempo, gradualmente deregolati. Questo ha aperto la porta a tutta una gamma di prodotti finanziari legati al cibo e all'agricoltura: banche e altre istituzioni finanziarie, incluse quelle di aziende come Cargill – una multinazionale statunitense attiva nel settore alimentare e non quotata in borsa, l'azienda a controllo famigliare più grande al mondo –, hanno cominciato a offrirne di diversi.

Questi prodotti finanziari col tempo sono diventati sempre più sofisticati, tanto da attirare una gamma sempre più vasta di investitori, come i fondi pensione, i fondi speculativi e i fondi di dotazione universitari; i gestori, pur non essendo esperti di agricoltura, li usano per diversificare il loro portafoglio. Noi, come vedremo nella parte conclusiva di questo libro, facciamo una cosa simile, diversificando il portafoglio colturale dei contadini con le popolazioni evolutive.

DOVE SIAMO ARRIVATI

Gli sviluppi appena descritti hanno esteso l'influenza della finanza sul settore agroalimentare e hanno consentito a un numero crescente di investitori di speculare sui prezzi del cibo e delle materie prime, al punto che tra il 2006 e il 2011 il valore dei fondi di questo settore è passato da 65 a 126 miliardi di dollari.

Il problema di base è che possedere fondi finanziari legati ai prodotti agroalimentari, anziché possedere fisicamente le materie prime e i prodotti agricoli reali, equivale a un accaparramento virtuale che mina le possibilità del mercato di stabilire i prezzi in base alla relazione tra domanda e offerta.

Come è facile immaginare, la finanza non ha risparmiato i terreni agricoli, spesso approfittando di contadini in difficoltà economiche. Anche i fondi azionari sono diventati molto popolari, attirando investitori nelle maggiori industrie dell'agroalimentare, da Monsanto a Syngenta, da Deere a Toro, da ADM a Bunge, da Big Food a PepsiCo, da Kellogg's a Wendy's, da Domino's a Kruger e a Sysco.

Oltre a premere per una sempre maggiore concentrazione dei capitali, questi fondi rafforzano il modello agricolo industriale, spostando la maggior parte degli investimenti sulle alte tecnologie, sulle operazioni di scambio su larga scala, sui cibi trasformati (meno cari, ma anche più dannosi per la salute) e sulle grandi catene di fast food e di rivendita di generi alimentari (supermercati, ipermercati e megastore, dove tutto è apparentemente più economico).

Sempre più spesso gli azionisti delle grandi corporazioni dell'agroalimentare sono società di gestione patrimoniale che amministrano i fondi per gli investitori; i profitti provengono quindi dall'aumento del valore dei titoli azionari. Per soddisfare le necessità di questi potenti azionisti i manager delle grandi multinazionali dell'agroalimentare hanno adottato strategie che includono attività finanziarie, fusioni e acquisizioni per ottenere rapidi, anche se a volte effimeri, aumenti di profitto. Tutto ciò va ovviamente a scapito degli investimenti sui nuovi prodotti, sulla sicurezza alimentare, sulle pratiche ambientali sostenibili. Le stesse corporazioni dell'agroalimentare hanno finito per darsi alle speculazioni finanziarie.

Così, per esempio, le aziende del settore alimentare investono su quelle materie prime che sono gli ingredienti dei loro stessi prodotti allo scopo di ridurre i costi e aumentare i profitti. Nel 2011 la Kraft è stata accusata negli Stati Uniti di manipolare i prezzi a proprio vantaggio, avendo comprato al ribasso *futures* sul frumento per 90 milioni di dollari, frumento che non avrebbero poi acquistato. Ciò ha fatto scendere il prezzo del frumento di un'azienda in Ohio e il risparmio ha permesso alla Kraft di mettere a segno un surplus di profitti per circa 5 milioni e mezzo di dollari.

Uno dei modi per ridurre i costi, e così pagare maggiori dividendi agli azionisti, è quello delle fusioni e delle acquisizioni: è così che si spiegano le fusioni in epoca recente tra Monsanto e Bayer (nel 2018), tra Syngenta e ChemChina (nel 2017) e tra Dow e DuPont (nel 2017), seguite alla debolezza dei prezzi delle materie prime agricole nel 2014 e 2015. Di fronte al calo della domanda, e alla conseguente perdita di valore delle azioni, per aumentare le quote di mercato e allo stesso tempo diminuire i costi, dimezzando il settore ricerca e sviluppo, queste aziende hanno deciso di fondersi.[3]

Non è quindi la performance di una singola azienda a dover essere tenuta in considerazione, ma quella dell'intero settore. Per esempio, alcune grosse società finanziarie, quali BlackRock, Capital, Fidelity, Vanguard, State Street e Norges Bank, possiedono una notevole quantità di azioni delle sei maggiori multinazionali dei semi e dei pesticidi, come si vede nella tabella seguente.

Società finanziaria	Monsanto	Bayer	Dow	DuPont	Syngenta	Basf
BlackRock	5,76	10,09	6,11	6,61	6,00	8,30
Capital	2,68	3,68	3,60	10,69	4,01	0,91
Fidelity	3,12	1,71	1,17	3,54	0,21	0,50
Vanguard	7,33	2,30	6,27	6,87	2,28	2,31
State Street	4,63	0,50	4,14	5,01	0,40	0,45
Norges Bank	0,81	1,64	0,43	0,63	1,75	3,00
Totale	24,24	19,93	21,72	33,36	14,65	15,47

Percentuale di azioni delle sei maggiori multinazionali dei semi e dei pesticidi in possesso di alcune grandi società finanziarie.[4]

Quindi le società finanziarie hanno interesse che tutte queste multinazionali siano performanti, in modo che i loro clienti possano ricavare il massimo dal loro investimento. Dare la priorità ai profitti degli azionisti ha come conseguenza costi sociali e ambientali. Il lavoro nel settore agroalimentare è diventato meno sicuro, mentre l'approvvigionamento e la lavorazione sono stati delocalizzati in paesi dove i salari sono più bassi e gli standard ambientali meno rigorosi. Questo, a sua volta, produce costi ambientali notevoli per il trasporto attraverso i continenti e gli oceani (le ciliegie a Natale dal Cile o i kiwi dalla Nuova Zelanda quando da noi sono fuori stagione) e implica una manipolazione dei prodotti alimentari, perché questi possano comparire sugli scaffali di negozi che si trovano a migliaia di chilometri di distanza apparentemente come se fossero stati raccolti il giorno prima.

L'infiltrazione della finanza nel settore agroalimentare ha avuto molteplici altre conseguenze. Per esempio, ha portato alla perdita di autonomia da parte sia dei contadini sia dei consumatori; ha reso il sistema meno resiliente; ha incoraggiato la monocoltura a scapito della biodiversità, aumentando così la vulnerabilità nei confronti di malattie, insetti e cambiamenti climatici; è una delle cause dell'accaparramento delle terre (*land grabbing*); è la motivazione alla base dell'uso degli OGM e dei prodotti chimici a essi associati.

Quindi, mentre in passato (ma da parte di molte persone ancora oggi) l'agricoltura era apprezzata soprattutto in quanto capace di proteggere e conservare la biodiversità e assicurare i mezzi di sussistenza e il cibo, ora è sempre più spesso considerata in base al profitto che può generare.

Clapp e Isakson concludono, in un modo per noi un po' deludente, sostenendo che «sono possibili soluzioni finanziarie alternative capaci di mitigare gli effetti sopra descritti ed è necessario appoggiare l'agricoltura sostenibile e introdurre regole più rigide a livello sia nazionale sia internazionale».

A noi sembra che serva molto di più, voi che ne dite?

È impensabile cercare di contrastare direttamente un sistema così ben congegnato e potente. Come vedremo, la strategia che noi abbiamo privilegiato, basata sulla centralità assoluta del seme, è stata quella di offrire ai contadini un'alternativa per procurarselo, perché solo intervenendo sulle origini del problema si può cambiare tutto quello che ne segue.

Note

[1] Clapp J., Isakson S.R., *Risky Returns: The Implications of Financialization in the Food System*, «Development and Change», 2018, 49(2): 437-460.

[2] Clapp J., *Bigger Is Not Always Better: The Drivers and Implications of the Recent Agribusiness Megamergers*, University of Waterloo, Waterloo 2017.

[3] *Ibidem.*

[4] Fonte: Thomson Reuters Eikon Database. Le percentuali sono relative al 31 dicembre 2016, quindi precedenti alle fusioni.

5

I padroni del cibo

Chi sono i padroni del cibo? Naturalmente non siamo noi, anche se, soprattutto quando entriamo in un supermercato, ci sembra di avere l'imbarazzo della scelta.

Qualunque cosa si compri, se si leggono bene le etichette, si scopre che quasi sempre è un prodotto che proviene da una di queste industrie alimentari: Nestlé, Coca-Cola, PepsiCo, Kraft, Unilever, Kellogg's, Mars, P&G, Johnson & Johnson e forse un paio di altre. Spesso la cosa non è evidente perché, per esempio, la Nestlé, leader mondiale dei prodotti alimentari trasformati (cioè quasi tutti i cibi confezionati), vende nel solo Regno Unito nascosta sotto l'etichetta di ben trentuno marchi diversi. Ma questo è nulla se si pensa che a livello mondiale controlla circa ottomila marchi, andando da prodotti che finiscono all'interno dei biberon per neonati a quelli per cani e gatti. Uscire da un supermercato senza aver acquistato un prodotto Nestlé è veramente complicato.

Inoltre, la situazione di oligopolio consente alle grandi società alimentari di controllare tutta la filiera che sta a monte, e quindi anche i prezzi. Il sistema agroalimentare, proprio per il fatto di dover assicurare profitti a chi in esso investe, finanzia anche la ricerca, in modo tale che, fornendo ai consumatori tutta una serie di garanzie o promettendo benefici per la salute, le vendite aumentino.

A CHI CREDERE?

Un'industria agroalimentare così potente ha comunque bisogno di una strategia ben studiata per sopravvivere in un mondo dove la competizione è molto forte e continuare a generare profitti per gli investitori.

In questa situazione le aziende dell'agroalimentare devono convincere i clienti a comprare i loro prodotti anziché quelli della concorrenza, a mangiare sempre di più e a scegliere quelli più a buon mercato, che nella stragrande maggioranza sono alimenti e bevande «spazzatura», altamente elaborati, ad alto contenuto calorico e basso valore nutritivo.[1]

Cosa può esserci quindi di meglio che fornire al grande pubblico dei potenziali clienti informazioni che lo convincano dei benefici per la salute dei propri prodotti, magari con l'ausilio di studi autorevoli che li dimostrino, condotti da accademici di tutto rispetto? Per aumentare la credibilità di tali asserzioni, le industrie dell'agroalimentare finanziano ricerche «indipendenti», o che almeno sembrano tali, sovvenzionando le università o i singoli ricercatori. Questi sono quindi gli investimenti che le corporazioni del settore destinano alla ricerca, affinché fornisca una base scientifica alle loro campagne pubblicitarie.

La stampa americana, in particolare, parla molto spesso di casi di questo genere, che oggi riguardano l'uso delle biotecnologie attraverso l'azione di un'associazione che si chiama US Right to Know, ma che in passato riguardavano le frodi alimentari di cui parleremo più avanti.

Nel caso degli OGM, l'associazione US Right to Know ha portato alla luce legami molto stretti tra ricercatori noti per essere favorevoli agli OGM e industrie biotecnologiche: in un caso specifico la Monsanto rimborsava i viaggi di un ricercatore a convegni per studenti, contadini, politici e giornalisti, arrivando perfino a suggerire risposte a domande che riguardavano organismi GM.[2]

Bisogna ricordare che un altro aspetto della corsa al profitto nel settore alimentare sono le frodi. In questo caso l'Europa è, in generale, messa meglio degli Stati Uniti, forse grazie a un libro pubblicato dal chimico tedesco Friedrich Accum nel 1820, che trattava delle adulterazioni del cibo e dei veleni culinari.[3] Qui si legge quello che le industrie alimentari facevano prima che entrassero in vigore delle forme di controllo: i sottaceti resi verdi con il rame, l'aceto reso più forte con l'acido solforico, la panna fatta con polvere di riso mescolata con latte andato a male, i confetti fatti con un misto di zucchero, amido e argilla e colorati con preparati a base di rame e piombo, il ketchup fatto con la feccia dell'aceto distillato mescolata con un decotto di mallo di noce e condita con spezie.[4] L'elenco delle falsificazioni e delle adulterazioni è molto più lungo e comprende il miele, la marmellata di fragole, il caffè, la farina e lo zucchero di canna.

Un caso eclatante fu quello dello sbiancamento artificiale della farina. Sembra che nell'America di fine Ottocento utilizzare farina bianca fosse un segno di distinzione sociale. Il metodo tradizionale, che consisteva nell'esporla direttamente al sole o nel tenerla per un po' in una stanza ben ventilata, richiedeva tempo, ore o perfino giorni. Agli inizi del Novecento, quindi, i mugnai cominciarono a impiegare metodi più rapidi, che consistevano nel trattare la farina con perossido di azoto, con la conseguenza però di lasciare residui di nitrati non solo nella farina, ma anche nel pane. Dovette intervenire il governo per porre fine a questa pratica, ma non prima che l'industria di settore, con l'appoggio di ricercatori assunti allo scopo, aveva cercato di dimostrare che i livelli di nitrati erano troppo bassi per causare danni alla salute.

Ma ci sono anche esempi confortanti. Dopo aver venduto per anni una marmellata di fragole fatta di glucosio, scarti di mele e un colorante rosso, rifiutandosi per di più di chiamarla imitazione per paura di perdere clienti, una nota azienda si accorse che poteva fare ancora più profitti vendendo una marmellata di buona qualità con un'etichetta «trasparente».

Anche una ditta produttrice di ketchup, famosa ancora oggi, nel 1906 cominciò a vendere un tipo nuovo e più costoso di ketchup, basato su vecchie ricette ma che durava più a lungo: ciò era possibile con il giusto tipo di pomodori e con l'aggiunta della corretta quantità di aceto. L'azienda lanciò un'aggressiva campagna di marketing per convincere i consumatori che valeva la pena spendere qualche centesimo in più per un prodotto più sano. Fino ad allora aveva usato la ricetta originale della madre del fondatore della ditta, ma per un po' di tempo vi aveva aggiunto corteccia di salice tritata finemente per ottenere l'acido salicilico, per poi passare al benzoato di sodio, un conservante noto come E211, che in presenza di vitamina C può formare un potente cancerogeno quale il benzene. Saputo di questo pericolo, la ditta corse ai ripari con il ketchup più costoso.

La rivista medica «The Lancet» denunciava già nel 1830 che milioni di bambini ricevevano dosi giornaliere di sostanze letali, e infatti in quegli anni si moltiplicarono i casi di morte per avvelenamento a causa di torte di compleanno decorate con foglie rese verdi da coloranti all'arsenico, o la cui glassa conteneva arsenico e rame.

Un caso eclatante fu quello di ventuno persone morte perché parte dello zucchero delle caramelle era stata sostituita con un'altra sostanza. Inizialmente si era pensato al gesso, che però si rivelò essere il mortale triossido di arsenico.

Un altro caso famoso fu conseguenza della scoperta delle proprietà della formaldeide, un composto naturale che nel 2011 è stato dichiarato cancerogeno per l'uomo. Verso la fine dell'Ottocento, negli Stati Uniti, in assenza di sistemi efficienti di refrigerazione, sostanze come la formaldeide divennero di uso comune. In particolare, essendo l'«imbalsamatore» per eccellenza, veniva usata come conservante per il latte e, venduta sotto l'innocente nome di Preservaline, per trattare la carne in decomposizione e farle riacquistare un bel colore naturale. Anche dopo che la formaldeide venne associata alla morte di bambini che avevano bevuto latte «imbalsamato», continuò a essere impiegata, insieme ad altri conservanti quali l'acido salicilico e il borace.

Ci vollero molti anni e molte leggi, approvate tra grandi difficoltà a causa di legislatori collusi con le industrie alimentari, per limitare e proibire l'uso di sostanze come la formaldeide e il borace nei cibi e nelle bevande.

Note

[1] Nestle M., *Unsavory Truth*, cit.

[2] Kloor K., *GM-Crop Opponents Expand Probe into Ties between Scientists and Industry*, «Nature», 2015, 524(7564): 145-146.

[3] Accum F.C., *A Treatise on Adulteration of Food, and Culinary Poisons*, Longman, Hurst, Rees, Orme, and Brown, London 1820.

[4] Blum D., *The Poison Squad: One Chemist's Single-Minded Crusade for Food Safety at the Turn of the Twentieth Century*, Penguin Press, New York 2018.

6

Cibi intelligenti

Oggi si sente spesso parlare di «*smart food*» o diete «*smart*», soprattutto in ambito nutrizionale, con riferimento a un'alimentazione che riduce il rischio di malattie croniche e aumenta l'aspettativa di vita, in un approccio che include medici, nutrizionisti e ricercatori per identificare e promuovere cibi che proteggono la salute.

La nutrizione è molto spesso considerata dal punto di vista della salute, il che è giusto, ma non può ridursi soltanto a questo. Per un approccio efficace c'è bisogno di combinare diversi settori: medicina, nutrizione, agricoltura, istruzione, comunicazione e politica.

In questo contesto vorremmo introdurre un concetto diverso di cibo intelligente, come di un cibo che sia sano per chi lo consuma e allo stesso tempo prodotto in modo da essere sostenibile per l'ambiente e conveniente per chi lo produce; in breve, buono per te, buono per il pianeta e buono per il contadino.

Per capire come si arriva al concetto di cibo intelligente, dobbiamo parlare di come gli obiettivi dei programmi di ricerca e sviluppo agricolo siano cambiati e il concetto di sicurezza alimentare si sia evoluto negli anni.[1]

Decenni fa si dava molta importanza alla sicurezza alimentare intesa come disponibilità di sufficienti quantità di cibo. Di conseguenza, i programmi di miglioramento genetico avevano come obiettivo principale quello di aumentare la produttività delle diverse colture per garantire che ci fosse abbastanza cibo per un sufficiente apporto energetico; in questo approccio poca attenzione veniva posta alla qualità.

Con il tempo si è capito che un buon apporto energetico non basta, e si è riconosciuta l'importanza della qualità del cibo per assicurare un consumo bilanciato di carboidrati, proteine, fibre e micronutrienti. I programmi di miglioramento genetico hanno aggiunto nuovi obiettivi relativi alla qualità del prodotto. Alla sicurezza alimentare è stato dato un significato più ampio, tanto è vero che può dirsi raggiunta «quando tutte le persone, in qualsiasi momento, hanno accesso fisico ed economico a un cibo sufficiente, sicuro e nutriente, che soddisfi i loro bisogni dietetici e le loro preferenze alimentari per una vita attiva e sana».[2]

Di recente la necessità di passare a diete e a sistemi alimentari più sostenibili è diventata sempre più evidente, anche se si tratta di un obiettivo non semplice da raggiungere. Secondo quanto indicato dalla FAO, «le diete sostenibili sono diete a basso impatto ambientale che contribuiscono alla sicurezza alimentare e nutrizionale nonché a una vita sana per le generazioni presenti e future. Le diete sostenibili concorrono alla protezione e al rispetto della biodiversità e degli ecosistemi, sono accettabili culturalmente, eque e accessibili a livello economico, adeguate, sicure e sane sotto il profilo nutrizionale e, allo stesso tempo, ottimizzano le risorse naturali e umane».[3]

Crediamo che il prossimo grande obiettivo sia quello di introdurre il cibo intelligente nelle nostre diete, per affrontare all'unisono alcune delle maggiori problematiche globali quali malnutrizione, sostenibilità per l'ambiente e povertà.

L'ostacolo più grande affinché il cibo intelligente entri stabilmente a far parte delle nostre diete è rappresentato dal divario tra sistemi alimentari, dovuto in parte al fatto che gli investimenti per migliorare la produttività e la disponibilità di materie prime agricole sono stati concentrati per decenni su un numero ristretto di cereali, principalmente i tre dei quali abbiamo già parlato: riso, frumento e granturco, che, come detto in precedenza, oggi rappresentano circa il 60% delle calorie consumate a livello globale. Inoltre, circa il 45% degli investimenti del settore privato nella ricerca agricola riguarda il granturco.[4] A quelli nella ricerca hanno fatto seguito investimenti nelle politiche di supporto e nello sviluppo delle filiere, lasciando quelle di altre colture poco o per niente sviluppate.

Ciò ha anche portato alla sostituzione di colture tradizionali più nutrienti con colture meno nutrienti e inadatte alle condizioni climatiche e ambientali dei luoghi in cui si è verificata. A tal proposito, il caso del granturco in Kenya orientale è emblematico. In quell'area i contadini coltivavano tradizionalmente miglio e sorgo, adatti alle condizioni aride del paese. Durante i periodi di siccità e carestia il governo ha cominciato a distribuire granturco come aiuto alimentare gratuito. La popolazione si è così abituata a mangiare questo cereale e ha iniziato a coltivarlo. Ma il granturco non è adatto alle condizioni climatiche della zona e sopravvive un anno su quattro. Quindi i contadini del Kenya orientale raccolgono solo un anno su quattro, ma continuano a coltivare il granturco, perché, ci dicono, è più facile: un agente arriva in azienda e vende loro il seme e gli input necessari; qualcun altro poi arriva e compra il raccolto. I contadini sanno che possono vendere il raccolto e sono anche abituati a mangiarlo. La filiera è ben consolidata.[5]

È necessario intervenire per ridurre il divario tra sistemi alimentari e sviluppare le filiere di altre colture in modo da aumentare la diversità delle nostre diete, con effetti positivi sulla sostenibilità ambientale e sulla resilienza del sostentamento dei contadini. Poiché il cibo intelligente è buono per chi lo consuma, buono per il pianeta e buono per chi lo produce, la sua diffusione può aiutare ad affrontare alcuni dei più grandi problemi globali, quali la malnutrizione, la povertà e il degrado ambientale. Affinché questo accada c'è bisogno di un approccio diverso, che sia partecipativo lungo tutta la filiera, dal contadino al consumatore, che crei interesse e richiesta da parte di chi compra, che sviluppi il settore nella sua interezza e che guardi alle differenti necessità delle popolazioni rurali e urbane. Infatti, per mettere a punto un modello di business positivo, è importante guidare la domanda, per esempio riportando in auge alcuni cibi intelligenti tradizionali, come gli alimenti alla base della dieta nei paesi in via di sviluppo, e allo stesso tempo pubblicizzandoli e promuovendoli nei paesi sviluppati.

Un esempio di colture che soddisfano i criteri dei cibi intelligenti sono quelle del miglio e del sorgo, tradizionali in molti paesi dell'Africa e in India, dove sono la maggior fonte di calorie, e molto comuni in passato anche in Italia. Il miglio include un'ampia gamma di cereali simili per dimensioni del seme e utilizzo della granella. Sono piante particolarmente resistenti alla siccità e con un ciclo colturale breve.

Il miglio e il sorgo contribuiscono a creare una dieta diversa e salutare, hanno un basso indice glicemico, sono ricchi di antiossidanti, proteine e micronutrienti quali ferro, zinco e calcio, inoltre sono altamente digeribili e privi di glutine. Sono buoni per il consumatore.

Queste colture, inoltre, hanno bisogno di meno acqua di altri cereali, sono spesso le ultime a essere coltivate prima di raggiungere le zone desertiche, per cui aiutano a fermare il processo di desertificazione, e richiedono meno fertilizzanti e pesticidi, riducendo le emissioni di gas serra.

Infatti, mentre da un lato l'agricoltura è influenzata negativamente dai cambiamenti climatici, dall'altro è essa stessa parte del problema, contribuendo a sua volta al cambiamento climatico. Ciò avviene in maniera diretta e indiretta:

1. il suolo agricolo e il bestiame emettono grandi quantità di potenti gas serra;
2. l'uso di combustibili fossili nei processi agricoli, la produzione e l'impiego di prodotti chimici per l'agricoltura e la conversione di ampie superfici da foreste ad aree agricole generano gas serra.

Escludendo i cambiamenti nell'uso del suolo, come la deforestazione, le emissioni di gas serra prodotte dall'agricoltura ogni anno equivalgono a 5,8 miliardi di tonnellate di anidride carbonica, ovvero l'11% delle emissioni totali dipendenti da attività umane.[6] L'uso di fertilizzanti sintetici è una delle fonti più importanti e in rapida crescita ed è particolarmente elevato, assieme al consumo di energia, nei sistemi intensivi cerealicoli. Per esempio, gli input di fertilizzanti e di energia chimica (pesticidi, erbicidi eccetera) coprono circa il 45% dell'energia totale usata per la produzione di riso, frumento e granturco, e all'interno di questi circa il 60% è imputabile al concime azotato.[7]

Il miglio e il sorgo sono quindi buoni per il pianeta, perché i loro effetti sull'ambiente sono inferiori a quelli di altre colture, con:

1. minore emissione di gas serra;
2. minore impatto sul consumo delle risorse naturali come acqua e suolo;
3. un effetto positivo sulla riduzione del degrado ambientale.

Infine il miglio e il sorgo sono buoni per il contadino: sono colture tradizionali per circa seicento milioni di coltivatori delle zone aride, contribuiscono ad aumentare la biodiversità in azienda e la resilienza in condizioni climatiche estreme e offrono molteplici usi, alcuni dei quali ancora da esplorare. Questi cereali forniscono ai contadini una strategia per la gestione dei rischi legati al cambiamento climatico, per combattere l'insicurezza alimentare e la povertà.

Prima di tornare a parlare di semi, di come i consumatori possono difendersi e di quali soluzioni la scienza ci mette a disposizione per scegliere come seminare il futuro, può essere utile fare un passo indietro e chiederci: come siamo arrivati a tutto questo?

Note

1 Clay E., *Chapter 2 of Trade Reforms and Food Security: Conceptualizing the Linkages*, FAO, Roma 2003.

2 FAO, *Rome Declaration on World Food Security*, World Food Summit, Roma, 13-17 novembre 1996.

3 Burlingame B., Dernini S. (a cura di), *Sustainable Diets and Biodiversity: Directions and Solutions for Policy, Research and Action. Proceedings of the International Scientific Symposium Biodiversity and Sustainable Diets United Against Hunger*, FAO, Roma 2010.

4 Haddad L., Hawkes C., Webb P., Thomas S. *et al.*, *A New Global Research Agenda for Food*, «Nature», 2016, 540(7631): 30-32.

5 Fischer T., Byerlee D., Edmeades G., *Crop Yields and Global Food Security: Will Yield Increase Continue to Feed the World?*, ACIAR, Canberra 2014.

6 Smith P., Bustamante M., Ahammad H., Clark H. *et al.*, *Agriculture, Forestry and Other Land Use (AFOLU)*, in Edenhofer O., Pichs-Madruga R., Sokona Y., Farahani E. *et al.* (a cura di), *Climate Change 2014: Mitigation of Climate Change. Contribution of Working Group III to the Fifth Assessment Report of the Intergovernmental Panel on Climate Change*, Cambridge University Press, Cambridge 2014, pp. 816-887.

7 Sapkota T.B., Aryal J.P., Khatri-Chhetri A., Shirsath P.B. *et al.*, *Identifying High-Yield Low-Emission Pathways for the Cereal Production in South Asia*, «Mitigation and Adaptation Strategies for Global Change», 2018, 23(4): 621-641.

7

Dove tutto è cominciato

È stata chiamata la «culla dell'agricoltura», quella zona del Vicino Oriente che dalla Palestina risale verso la Siria fino al confine con la Turchia, per poi ridiscendere in Iraq tra il Tigri e l'Eufrate;[1] per la sua forma è anche conosciuta come «mezzaluna fertile». Perché fertile? Perché è lì che, a causa di un cambiamento climatico – la fine dell'era glaciale e l'inizio dell'alternanza delle stagioni (*Younger Dryas* in inglese) –, si sono create le condizioni che hanno permesso all'uomo del Neolitico di passare dal nomadismo, e da una dieta prevalentemente animale, a una vita sedentaria basata sull'agricoltura.

Prima di praticare l'agricoltura, l'uomo – e più precisamente l'*Homo erectus*, cioè quello che cominciava ad assomigliare a noi per statura, portamento, dimensioni del cervello e apparato masticatorio, comparso circa un milione e mezzo di anni fa – viveva di raccolta e soprattutto di caccia. Poiché sembra che il fuoco abbia iniziato a essere usato regolarmente soltanto cinquecentomila anni fa, per moltissimo tempo l'uomo ha mangiato carne cruda. Questo presuppone una masticazione molto lunga, tanto lunga che avrebbe richiesto, si è calcolato, almeno undici ore al giorno passate a masticare![2] Tuttavia, la scoperta fatta pochi anni fa di alcuni manufatti di pietra vecchi di circa tre milioni di anni, adatti a tagliare, schiacciare e pestare, e simili agli attuali coltelli, mortai e pestelli, fa pensare che in realtà l'uomo, prima di cuocere, abbia triturato la carne, le radici e i frutti con guscio.[3] Quindi questo spiega perché le dimensioni dei denti e dei muscoli masticatori si siano gradualmente ridotte e perché già nell'*Homo erectus* siano più simili ai nostri che a quelli dei suoi antenati.

L'inizio della coltivazione sistematica è stato un cambiamento epocale e non a caso la nascita dell'agricoltura è spesso chiamata la «rivoluzione del Neolitico». In merito si fanno ancora numerosi studi, che gettano continuamente luci nuove su quello che potrebbe essere accaduto, anche grazie alla possibilità di analizzare il DNA dei resti fossili di migliaia di anni fa.

Una di queste ricerche suggerisce che, sui monti Zagros, a sud di Esfahan, in Iran, quindi un po' a est della mezzaluna fertile, vi sia stata una transizione dalla vita nomade basata sulla caccia alla coltivazione, indipendente da quella della mezzaluna.[4] L'ipotesi è fatta sulla base del DNA: i resti ben conservati di uomini trovati in una caverna dei monti Zagros sembrano infatti più affini a quelli dei moderni pachistani e afghani che non a quelli dell'Anatolia.

In questa zona è ancora molto diffuso il progenitore selvatico dell'orzo, mentre nella mezzaluna si trovano anche quelli di frumento, lenticchia, pisello, vecciola (*Vicia ervilia*, in inglese *bitter vetch*), cece e lino. I progenitori selvatici sono piante che in alcuni casi assomigliano vagamente a quelle oggi coltivate, mentre in altri non gli assomigliano affatto. Tutti hanno però in comune la caratteristica di «disseminare» spontaneamente, per cui i semi, una volta maturi, cadono da soli dalla spiga o fuoriescono dal baccello. Non cadono necessariamente vicino alla pianta che li ha prodotti, ma possono attaccarsi al vello di un animale di passaggio o essere trasportati dal vento o dall'acqua. Infatti sarebbe rischioso se rimanessero tutti nello stesso posto: in caso di eventi sfavorevoli, farebbero tutti una brutta fine. Per questo motivo i semi delle piante selvatiche, comprese naturalmente quelle che non sono mai state domesticate, hanno sviluppato una serie di strutture di vario tipo per favorire la disseminazione, che vanno dalle ali dei semi degli aceri al piumino del soffione, oppure agli uncini o ai peli che aderiscono alla pelliccia degli animali.

Le due località più famose in cui sono stati trovati resti di semi del progenitore selvatico dell'orzo, probabilmente la prima pianta a essere domesticata, sono Tell Abu Hureyra e Tell Mureybet, entrambi nella provincia di al-Raqqa, in Siria, ma ora sotto le acque del lago Assad, formatosi dopo la costruzione nel 1973 – quindi qualche anno prima che noi andassimo in Siria – della diga sull'Eufrate.

I Tell sono rilievi non molto alti, di 30-40 metri e dalla forma circolare irregolare: guardandoli, sembrano un tronco di cono. Alcuni non sono altro che sedimenti che con il tempo hanno coperto siti archeologici, e tale era il Tell di Ebla, circa 60 chilometri a sud di Aleppo, non molto distante dall'autostrada che la collega a Damasco. Noi venimmo a conoscenza di Ebla e della sua straordinaria storia grazie all'archeologo Paolo Matthiae, oggi professore emerito di Archeologia e di Storia dell'arte del Vicino Oriente antico all'Università degli Studi di Roma La Sapienza. Alcuni collaboratori del professore scoprirono che non lontano da Ebla – la nostra sede di lavoro, l'ICARDA, era circa a metà strada tra Aleppo ed Ebla – lavoravano due italiani e ci vennero a trovare. A Ebla, intanto, era già stata fatta una scoperta che l'aveva resa famosa in tutto il mondo: le Tavolette di Ebla, scritte in caratteri cuneiformi, nell'archivio del Palazzo reale. Ebbene, al loro interno si trovavano riferimenti all'agricoltura che riguardavano compravendite, ma anche produzioni, di cui però i nostri interlocutori non riuscivano a capire le unità di misura.

Da quella prima visita iniziò una frequentazione abbastanza regolare, favorita dal fatto che nel villaggio vicino a Ebla abitava Mohammed, uno dei nostri più preziosi collaboratori, che purtroppo ci ha lasciato prematuramente e che faceva da ambasciatore tra noi e gli archeologi.

Il professor Matthiae aveva cominciato gli scavi a Ebla a metà degli anni Sessanta e ogni anno tornava in Siria a metà agosto per fermarsi fino ai primi di ottobre, cioè nel periodo in cui la probabilità di pioggia era praticamente nulla.

Durante le nostre conversazioni scoprimmo che questo non gli aveva permesso di capire bene quale tipo di agricoltura si praticasse. Sapeva che la città di Ebla, localmente nota come Tell Mardikh, aveva avuto una grande importanza tra il III e il II millennio a.C., e frequentando la Siria soltanto durante l'estate, quando intorno al Tell non cresce nulla, non riusciva a capire di che cosa potessero vivere gli abitanti di una città di quella importanza. Gli spiegammo che durante l'inverno, nella zona di Ebla, si poteva coltivare praticamente tutto, perché la pioggia cadeva quando le temperature erano basse e quindi aveva il tempo di infiltrarsi nel terreno.

Dopo quei primi incontri rimanemmo in contatto, e almeno una volta all'anno andavamo a trovare lui e il suo gruppo, che comprendeva altri archeologi, tra cui la moglie, specializzata in Egittologia, ma anche molti studenti. Affittavano una casa di contadini dall'architettura tradizionale, con un grande spazio interno di forma più o meno quadrata e le stanze tutt'intorno. La loro giornata cominciava la mattina al sorgere del sole, perché più tardi le temperature, che arrivavano a toccare anche i 48 gradi, rendevano impossibile il lavoro in mezzo alla polvere degli scavi. Nel pomeriggio, poi, il grande spazio all'interno della casa diventava un laboratorio all'aperto dove si classificavano i reperti, molti dei quali conservati nel museo della vicina Idlib oppure in quello di Aleppo.

Quando andavamo a Ebla cercavamo di non disturbare gli scavi, faticosi a causa della polvere e del caldo soffocante: la città aveva subito diverse distruzioni e quindi per persone non esperte come noi non era di facile lettura. Tuttavia, visitarla insieme al professor Matthiae era un'altra cosa, perché lui era in grado di fartela rivivere davanti agli occhi. Era sempre gentilissimo e disponibile e ci metteva ogni volta al corrente di cosa era stato portato allo scoperto dopo la nostra ultima visita.

Al contrario di Tell Abu Hureyra e Tell Mureybet, a Ebla i semi di orzo, che costituiscono circa l'80% di quelli ritrovati nella città, erano già chiaramente di orzo coltivato, e non poteva che essere così, visto che nacque circa seimila anni dopo gli altri due siti. Oltre all'orzo, c'erano già semi di veccia, uva e mediche annuali.

Ci siamo concentrati su quanto avvenuto nella mezzaluna fertile perché è la zona di domesticazione più vicina a noi e anche perché lì sono state domesticate alcune delle specie più importanti per la nostra alimentazione. Altre, ugualmente importanti, come per esempio il pomodoro, il peperone, la patata, il fagiolo e il granturco, sono state domesticate in parte in America centrale e in parte in America latina, mentre il riso, la soia, il pesco e il pero in Asia. Il riso ha avuto anche una seconda domesticazione in Africa, sembra nella zona del delta del fiume Niger.

Queste specie hanno poi cominciato a «girare il mondo» con le grandi esplorazioni, tanto che il fenomeno è conosciuto come lo «scambio di Colombo», perché Cristoforo Colombo fu il primo dei grandi esploratori a trasportare da una parte all'altra dell'oceano Atlantico le specie domesticate nei rispettivi continenti.[5] È così che in Europa arrivarono la patata, il granturco, il pomodoro, i peperoni, il cacao, le arachidi e il tabacco, mentre nelle Americhe arrivarono frumento, orzo, lenticchie, ceci, vite, caffè, riso, pesche eccetera.

Allo scambio di Colombo è associato il primo caso di riduzione dell'agrobiodiversità, perché in questi viaggi, come in quelli di altri esploratori che seguirono, venivano trasportati pochi esemplari di quante più specie possibile.

Gli studi sul modo in cui le piante si sono diffuse nel pianeta continuano. Agli inizi del 2019, una ricerca ha gettato nuova luce sulla globalizzazione dei cereali.[6] Fino a cinquemila anni prima di Cristo, le specie domesticate nella mezzaluna fertile, come frumento e orzo, si erano diffuse soprattutto verso ovest, arrivando all'attuale Europa continentale, ma molto meno verso est, raggiungendo l'Iran, e verso sud, arrivando solo in Egitto. Le specie domesticate in Cina, come il miglio e il riso, hanno avuto invece una diffusione molto più limitata. Nei duemilacinquecento anni successivi, le specie domesticate nella mezzaluna raggiunsero Inghilterra e Scandinavia a ovest e Cina e India a est. Nello stesso periodo, quelle cinesi cominciarono a diffondersi maggiormente nel Sud-Est asiatico. Tra il 2500 e il 1500 a.C. le specie domesticate nella mezzaluna raggiunsero la Cina orientale e il Sud dell'India, mentre quelle domesticate in Cina superarono le catene montuose dell'Asia centrale e si propagarono verso ovest. È in questo periodo che il miglio africano e il sorgo si diffusero dall'Africa occidentale verso est e verso sud.

Per quanto non tutta la diversità che esiste tra le piante selvatiche, e in particolare entro quelle da cui sono derivate le piante che oggi ci danno da mangiare, sia arrivata fino a noi, quella che ci è pervenuta si è conservata grazie al modo in cui i contadini, per millenni, si sono procurati il seme.

Note

[1] Lev-Yadun S., Gopher A., Abbo S., *The Cradle of Agriculture*, «Science», 2000, 288(5471): 1602-1603.

[2] *Food Processing*, «Nature», 2016, 531(7593): 139.

[3] Harmand S., Lewis J.E., Feibel C.S., Lepre C.J. *et al.*, *3.3-Million-Year-Old Stone Tools from Lomekwi 3, West Turkana, Kenya*, «Nature», 2015, 521(7552): 310-315.

[4] Broushaki F., Thomas M.G., Link V., López S. *et al.*, *Early Neolithic Genomes from the Eastern Fertile Crescent*, «Science», 2016, 353(6298): 499-503.

[5] Nunn N., Qian N., *The Columbian Exchange: A History of Disease, Food, and Ideas*, «Journal of Economic Perspectives», 2010, 24(2): 163-188.

[6] Liu X., Jones P.J., Matuzeviciute G.M., Hunt H.V., *From Ecological Opportunism to Multi-Cropping: Mapping Food Globalization in Prehistory*, «Quaternary Science Reviews», 2019, 206: 21-28.

8

Biodiversità coltivata

Fino a cento o centocinquant'anni fa si coltivava molta diversità perché i contadini erano allo stesso tempo i selezionatori e i proprietari del seme.

Il processo di conservazione della diversità non era probabilmente dovuto a una scelta consapevole, motivata da un interesse specifico per la biodiversità, ma alla necessità di procurarsi il seme, e di questo discuteremo ancora più avanti.

I contadini, prima della raccolta o subito dopo, a seconda della coltura, sceglievano le piante che per loro avevano le caratteristiche migliori e da queste raccoglievano i semi per l'anno successivo. Tutto il resto veniva utilizzato, a seconda della coltura, come alimento per loro o per gli animali. La diversità non era ridotta dal processo di selezione nei campi o da quello di adattamento, ma veniva accuratamente conservata. Questo per la necessità di raccogliere più piante da cui ottenere il seme per accumularne una quantità sufficiente per la semina. Ma si trattava solo di questo o dietro c'era una decisione dettata dal desiderio di conservare la diversità? Se il processo fosse dipeso soltanto dalla necessità di procurarsi abbastanza seme, come si spiegherebbe l'episodio seguente?

Lumle, in Nepal, poco a nord di Pokhara, sotto uno degli ottomila dell'Himalaya, l'Annapurna: qui, a poco meno di 3000 metri di altitudine, c'è una stazione di ricerca del ministero dell'Agricoltura nepalese. Si coltiva soprattutto riso, ma anche orzo, usato come alimento per i bufali, da cui si ottiene latte, oltre che carne. Una contadina nepalese racconta perché lei, al contrario di molti dei suoi vicini che sono passati alle varietà moderne, coltiva ancora una vecchia varietà di orzo (un racconto complicato da una traduzione approssimativa). Dice che il latte prodotto dai suoi bufali alimentati in questo modo è molto più buono di quello dei vicini. Alla domanda: «Ma il seme da dove lo prendi?», la conversazione si fa ancora più complicata, probabilmente perché l'interprete non ha tradotto bene la domanda.

Alla fine capiamo che il seme se lo produce da sola, scegliendo le spighe direttamente dal suo campo prima della raccolta. «Possiamo vedere come fai?» Andiamo al campo, lontano una cinquantina di metri, e rimaniamo a bocca aperta: è una banca del germoplasma vivente. C'è di tutto, alto, basso, distico, polistico, aristato, mutico... un'enorme diversità. Chiediamo che ci mostri quali sono le spighe che più tardi raccoglierà per ricavare il seme – l'orzo è ancora verde anche se ha già spigato – e lei ci indica, uno a uno, tutti i diversi tipi di spighe presenti nel campo. In altre parole, al momento di raccogliere quelle da cui otterrà il seme per l'anno successivo, lei si assicura di mantenere tutta la diversità che c'è nel campo, perché è convinta che sia per questo che il latte dei suoi bufali è così buono.

Molti anni dopo in Cina, in una zona dove non erano ancora arrivati gli ibridi, scoprimmo che i contadini, nel caso del granturco, facevano questo lavoro di selezione prima sul campo e successivamente, dopo la raccolta, osservando le pannocchie nell'aia.

Questa operazione presuppone non soltanto una conoscenza accurata della coltura e del proprio ambiente (clima e terreno), ma anche del modo di conservare il seme dal momento della raccolta a quello della semina. Non sappiamo quanto efficiente fosse questa conservazione, che doveva tenere il seme al riparo da umidità, insetti e roditori (noi, anche nell'ambiente molto asciutto delle estati siriane, sappiamo bene quanto questo sia difficile). Può darsi che i contadini ne raccogliessero più del necessario, sapendo che una parte sarebbe andata perduta per una delle cause di cui sopra. Tuttavia, l'aspetto di questa operazione che ci preme sottolineare è che selezionavano un numero sufficiente di piante, il cui seme veniva poi *mescolato*, per averne abbastanza per seminare la superficie desiderata, considerate anche le probabili perdite. Quindi, poiché non si parlava ancora di uniformità – le colture erano le dirette discendenti dei progenitori selvatici –, scegliendo più piante e mischiandone il seme, la diversità si conservava inevitabilmente.

A questo processo bisogna aggiungere gli effetti degli scambi di seme con i vicini, una pratica ancora diffusa e basata sulla convinzione che, dopo un po' di tempo che il seme viene seminato sempre nella medesima azienda, il seme stesso si «stanca» – questo ce lo siamo sentiti ripetere da tanti contadini in molti paesi –, e quindi va cambiato. E questo si fa scambiando i propri semi con quelli dei vicini, di solito contadini di fiducia, o comprandoli da loro.

Non si deve pensare che queste pratiche siano cose del passato. Non solo la consuetudine di rifarsi il seme è ancora in uso in molti paesi del Sud del mondo, ma la si ritrova di nuovo anche in diversi paesi europei, tra cui l'Italia.

Il modo in cui quest'operazione viene messa in atto può avere notevoli implicazioni per la conservazione sia della biodiversità sia di tipologie ben precise.

Per esempio, quando in Basilicata il fagiolo rampicante veniva coltivato utilizzando il granturco come tutore, o più recentemente un palo di legno, le unità di selezione per il seme dell'anno successivo erano le piante nelle postarelle (in genere si usano cinque o sei semi per ognuna). Nella versione moderna di questa coltivazione le piante si appoggiano invece a delle reti, costituendo dei veri e propri filari. Un produttore del famoso fagiolo di Rotonda in Basilicata, detto anche fagiolo bianco, tondino bianco o poverello bianco, sosteneva che con il tempo la qualità dei suoi fagioli non sembrava essere più la stessa di una volta. Quando gli chiedemmo come riproducesse il seme, ci disse che riservava un intero filare a questo scopo, quindi di fatto non faceva alcuna selezione. Continuando a discutere, venne fuori che il padre, invece, anche dopo aver adottato la tecnica di coltivazione moderna, sceglieva accuratamente prima le piante, poi i baccelli e poi addirittura i semi che avrebbe usato l'anno successivo. In questo modo si metteva al riparo dagli eventuali effetti indesiderati degli incroci che, anche se non molto frequenti nel fagiolo, possono comunque verificarsi.

Una cosa simile è accaduta anche a Frattura Nuova, sorta accanto a Frattura Vecchia, distrutta dal terremoto della Marsica del 1915. A Frattura Nuova, a circa 1200 metri di altezza, si coltiva il fagiolo bianco di Frattura, che i contadini conservano nelle sue caratteristiche organolettiche, riproducendo da soli il seme con la stessa metodologia descritta nel caso della Basilicata, cioè dopo la raccolta. Anche loro lamentavano la comparsa di un difetto, e cioè la scarsa produzione nella parte bassa della pianta, quella in cui compaiono prima i fiori, per intenderci. Discutendo, siamo venuti a sapere che, nonostante avessero osservato che alcune piante presentavano questo difetto in modo più accentuato di altre, non avevano mai pensato di selezionare le piante sulla base di questa differenza, in modo da ottenere il seme per l'anno successivo solo da quelle che non presentavano il difetto o lo presentavano in modo limitato.

Di recente in Bhutan, mentre discutevamo con i ricercatori di quel paese durante un corso di formazione, ci è stato detto che il re aveva lamentato la perdita del sapore tipico da parte di una varietà di riso, a ulteriore dimostrazione che mantenere le caratteristiche organolettiche delle varietà tradizionali è tutt'altro che semplice.

A parte le difficoltà, questo modo di riprodurre il seme privilegiava in ogni caso l'adattamento locale: al contadino interessa mantenere un'alta produttività nel suo campo, e grazie a questo processo impara sempre meglio a riconoscere le caratteristiche che la garantiscono. Da millenni di pratica della selezione del seme si sono originati il sapere contadino da una parte e le vecchie varietà dall'altra, tra cui alcuni di quelli che oggi si usa chiamare «grani antichi».

Se si pensa che questo lavoro veniva fatto ovunque nel mondo da tanti contadini e con molte colture diverse, è facile capire come tutto questo non solo riuscisse a mantenere la diversità all'interno di uno stesso campo, ma anche tra campi diversi: in altre parole, a livello locale e globale. Tutto ciò, combinato con gli altri due livelli di diversità di cui si è parlato prima, cioè colture diverse e varietà diverse per ogni coltura, massimizzava non solo la resilienza a livello di ogni singolo contadino, ma anche a livello globale.

Che cosa è accaduto, quindi, circa cento o centocinquant'anni fa perché tutto cambiasse e in poco tempo si passasse dalla coltivazione generalizzata di diversità a una coltivazione generalizzata di uniformità (nei paesi del Nord, ma con una grossa pressione su quelli del Sud del mondo a fare lo stesso)?

Questo cambiamento, che a prima vista sembra l'inevitabile conseguenza del progresso scientifico, è all'origine di gran parte dei problemi di cui abbiamo parlato finora, e non per colpa della scienza in sé, quanto per l'uso che della scienza è stato fatto e tuttora si fa.

Alcuni aspetti specifici riguardo determinate colture maggiormente coinvolte in questo passaggio, come il granturco, verranno trattati nel prossimo capitolo. In generale, da una situazione in cui la gestione della diversità genetica, l'innovazione varietale, la coltivazione, le tecniche agronomiche, la selezione e la produzione del seme erano tutte attività che facevano parte del vivere quotidiano del contadino, si giunse nel giro di pochi anni a una suddivisione di queste responsabilità tra ricercatori specializzati. I contadini persero quel ruolo di conservatori da una parte e innovatori dall'altra che avevano mantenuto per millenni, in un processo che Jack Kloppenburg ha chiamato «espropriazione»[1] e che ha portato a quella che Deborah Fitzgerald ha definito «dequalificazione» dei contadini.[2] Su questo torneremo in dettaglio utilizzando come esempio l'introduzione degli ibridi di granturco negli Stati Uniti.

Tale evoluzione – o forse sarebbe più preciso parlare di involuzione – cominciò subito dopo la scoperta, anzi la riscoperta, della genetica. Infatti lo studio delle leggi con cui i caratteri passano da genitori a figli fu condotto sulle piante dall'abate Gregorio Mendel che ne pubblicò i risultati già nel 1866, ma rimase pressoché sconosciuto fino ai primissimi anni del Novecento, quando le stesse conclusioni vennero raggiunte in Olanda, Germania e Austria. Mendel, che nel frattempo era deceduto, deve all'onestà intellettuale di tre ricercatori, Hugo de Vries, Carl Correns ed Erich Tschermak von Seysenegg, il fatto che oggi il suo nome sia indissolubilmente legato alla nascita della genetica: questi scienziati, infatti, ne riesumarono le pubblicazioni e ne proclamarono l'importanza. Un simile atto può sembrare doveroso, ma non è affatto scontato, soprattutto oggi che la piaga del plagio nel mondo scientifico è molto frequente.

La conoscenza delle modalità con cui i caratteri si ereditano da una generazione all'altra venne utilizzata quasi subito per cercare di modificare le caratteristiche delle piante coltivate, dando così origine a un'altra scienza a cui abbiamo già fatto cenno: la scienza del miglioramento genetico.

Nel caso specifico del granturco, assunse rapidamente una forma abbastanza sofisticata, che si prestò bene per giustificare l'esautorazione dei contadini. Lo stesso accadde anche per altre specie.

Inizialmente i metodi usati erano piuttosto semplici e non molto diversi da quelli che i contadini avevano sempre impiegato. In poche parole, in un primo momento, ciò che fino ad allora era stato fatto da tantissimi contadini in tantissimi campi diversi scegliendo le piante migliori cominciò piano piano a essere fatto dagli scienziati nelle stazioni di ricerca. E il problema sta proprio qui: la selezione veniva effettuata nelle stazioni sperimentali, ma ovviamente non per le stazioni sperimentali. Cioè la ricerca di nuove varietà attraverso il miglioramento genetico veniva fatta – ed è così tuttora – in un luogo diverso da quello – sarebbe meglio dire da quelli – in cui, una volta selezionate, sarebbero state coltivate.

Questo pone tutta una serie di problemi, uno dei quali dipende dal fatto che il mondo agricolo al di fuori della stazione sperimentale – con alcune eccezioni, che possono essere per esempio le aree delle grandi pianure – è molto eterogeneo, fatto di terreni piani, di colline, di montagne, di zone fertili e di altre meno fertili, di pendii con esposizioni diverse, di terreni superficiali e di terreni profondi, di campi situati in luoghi piovosi e di altri situati in luoghi meno piovosi, di aree con un'incidenza più alta di malattie delle piante, di altre soggette ad attacchi di insetti eccetera. Uno scenario per di più complicato dal cambiamento climatico che, verosimilmente, influenzerà questo mondo variegato in modo diverso. La soluzione sembra a prima vista molto complessa, se non addirittura impossibile da trovare.

Per rispondere a queste problematiche, nella scienza del miglioramento genetico si sono affermati nel tempo due principi fondamentali: il primo è che il lavoro di selezione deve essere fatto coltivando le piante in condizioni agronomiche ideali per la crescita; il secondo è credere che le varietà selezionate in queste condizioni ideali producono bene anche qualora tali condizioni non ci fossero.[3] Su entrambi c'è stato sempre molto dibattito tra i ricercatori, sfociato anche in confronti vivaci.

Il primo di questi due principi si attua creando, nelle stazioni sperimentali, un ambiente agronomico ottimale con una preparazione accurata del terreno, con concimazioni, controllo chimico delle infestanti, trattamenti chimici contro malattie e insetti e usando l'irrigazione tutte le volte che ce n'è bisogno. Si sosteneva che così facendo fosse più facile scoprire se le differenze tra le piante fossero dovute alla genetica, rendendo quindi il lavoro di selezione più efficiente. Non ci si accorse però (o forse sì) che in questo modo si legava indissolubilmente l'agricoltura alla chimica, producendo varietà che sarebbero divenute disponibili ai contadini sotto forma di semi, ma che, essendo state selezionate in condizioni ottimali, avrebbero dato il meglio di sé solo in quelle condizioni. Queste ultime si ritrovano soltanto nelle zone più favorevoli dal punto di vista della natura dei terreni e del clima, o nei campi dei contadini più facoltosi, che di solito sono anche quelli con le aziende più grandi.

Il secondo principio si dimostrò quindi infondato e soltanto i contadini abbastanza fortunati da potersi permettere le macchine per la preparazione del terreno, i concimi, gli anticrittogamici, i diserbanti e magari di scavare un pozzo per procurarsi l'acqua per irrigare sono riusciti a sfruttare i vantaggi delle varietà migliorate nelle stazioni sperimentali, ricreando nei propri campi le stesse condizioni agronomiche nelle quali erano state selezionate.

È un fatto ormai accettato, e lo si legge in molti rapporti internazionali e pubblicazioni scientifiche specializzate, che questo modo di fare miglioramento genetico, al contrario di quanto proclamato a gran voce dai rappresentanti della rivoluzione verde, non ha portato alcun beneficio ai contadini con poca terra, ai contadini poveri e a quelli delle zone più marginali.[4] Il tutto si è tradotto in una produzione agricola che, come detto prima, non è resiliente né sostenibile:[5] non è capace di nutrire e nemmeno di sfamare, e ha notevolmente ridotto la biodiversità. Una produzione agricola che da una parte è molto più vulnerabile al cambiamento climatico al quale, dall'altra, contribuisce anche per il 25-30%, a seconda delle stime.[6]

E qui siamo di nuovo ai semi e al modo di fare miglioramento genetico da cui provengono i semi che si trovano sul mercato sementiero formale e dai quali alla fine deriva il cibo che noi mangiamo.

Ritornando al processo di cui abbiamo parlato prima, e cioè al passaggio dalla selezione e produzione fatte nei campi dai contadini alla selezione effettuata dai ricercatori nelle stazioni sperimentali, si passa da un processo circolare a un processo lineare, come in qualunque modello di produzione industriale.

Nel passaggio dalla gestione della diversità da parte dei contadini al miglioramento genetico fatto nelle stazioni sperimentali, la diversità genetica che proveniva dai campi dei contadini è stata utilizzata per selezionare piante dalle caratteristiche uniformi, che potevano essere riconosciute, identificate e – quando la ricerca del settore è diventata in larga parte privata, migrando dalle istituzioni alle corporazioni – brevettate. Le varietà uniformi, inoltre, rispondono in modo uniforme a concimi, pesticidi ed erbicidi.

L'uniformità è poi gradualmente diventata parte integrante della legislazione sementiera, che l'ha imposta insieme a stabilità e distinguibilità. Abbiamo già sottolineato la contraddizione tra uniformità e stabilità da una parte e necessità di adattarsi al cambiamento climatico dall'altra, ma si noti anche come i contadini, dall'essere i protagonisti di un processo circolare, siano diventati, attraverso un processo di espropriazione al quale abbiamo già accennato, gli acquirenti del seme, un prodotto per loro di importanza strategica, che si ottiene al termine di un processo lineare dal quale sono completamente esclusi.

Questo processo di espropriazione è stato poi perfezionato da una legislazione sementiera che, mentre da una parte ha, fino a pochi anni fa, imposto l'uniformità, dall'altra ha limitato fortemente molte delle attività che caratterizzavano il processo circolare che includeva lo scambio del seme.

E pensare che in una trasmissione radiofonica c'è stato chi ha avuto il coraggio di affermare che i contadini hanno «delegato» tali responsabilità ai ricercatori. Leggete la storia del prossimo capitolo e vi renderete conto che si è trattato invece di una vera e propria espropriazione.

Note

1 Kloppenburg J., *Impeding Dispossession, Enabling Repossession*, cit.

2 Fitzgerald D., *Farmers Deskilled: Hybrid Corn and Farmers' Work*, «Technology and Culture», 1993, 34(2): 324-343.

3 Ceccarelli S., *Ci vediamo stasera a Damasco*, Pentàgora, Savona 2019.

4 Ceccarelli S., *Mescolate contadini mescolate*, Pentàgora, Savona 2016.

5 Willett W., Rockström J., Loken B., Springmann M. *et al.*, *Food in the Anthropocene*, cit.

6 Lenka S., Lenka N.K., Sejian V., Mohanty M., *Contribution of Agriculture Sector to Climate Change*, in Sejian V., Gaughan J., Baumgard L., Prasad C. (a cura di), *Climate Change Impact on Livestock: Adaptation and Mitigation*, Springer India, New Delhi 2015, pp. 37-48; Sapkota T.B., Aryal J.P., Khatri-Chhetri A., Shirsath P.B. *et al.*, *Identifying High-Yield Low-Emission Pathways for the Cereal Production in South Asia*, cit.

9

Espropriazione e riappropriazione

Anche se riguarda gli ibridi di granturco negli Stati Uniti, questa storia svela alcuni dettagli del processo di cui abbiamo parlato nel capitolo precedente.

È necessario premettere che gli ibridi di granturco, e poi via via gli ibridi di tutte le altre specie che sono seguiti, hanno rappresentato il primo grande successo della genetica applicata all'agricoltura. Per molti attivisti essi costituiscono uno dei simboli dell'agricoltura industriale.

Ma Deborah Fitzgerald la storia del granturco ibrido negli Stati Uniti, primo paese in cui è stato sviluppato e diffuso, la racconta in modo diverso, direi con gli occhi dei contadini, e così facendo entra nel dettaglio di quel processo iniziato nei primi anni del Novecento di cui abbiamo parlato.[1]

La Fitzgerald racconta la vita dei contadini americani del tempo come «una vita spacca schiena» (arare e seminare a mano, costruire fienili, mungere vacche e altri lavori estenuanti e faticosi). Eppure, il compito principale del contadino non era tanto o solo il lavoro fisico, quanto decidere cosa fare, come e quando farlo. Decisioni di questo tipo, come anche quale trattore acquistare, quando seminare in primavera, quando e dove vendere i prodotti, potevano essere prese solo da contadini in possesso di conoscenze basate sull'esperienza, l'osservazione e un lungo apprendistato, fatto di solito con i propri genitori.

Molti contadini non avevano un'educazione formale in agricoltura: a quei tempi, che si trattasse di un muratore o di un contadino, ciò che li rendeva qualificati era un prodotto tangibile; nel caso specifico, un mattone fatto bene e un bel campo coltivato. Il loro potere consisteva nelle conoscenze che avevano acquisito attraverso una lunga esperienza.

Coltivare granturco a quei tempi era straordinariamente complesso. Fino alla fine del XIX secolo i contadini dovevano essere attentissimi a tutti quei fattori, molti dei quali di natura ambientale, che potevano avere un effetto sul loro granturco. Per esempio, erano consapevoli che la produzione dipendeva dal particolare tipo di terreno del loro campo e che quindi i coltivatori vicini potevano aver bisogno di correttivi e di concimi diversi. Lo stesso valeva per malattie, insetti e clima.

Le varietà di granturco a disposizione dei contadini americani del Midwest degli Stati Uniti – cioè quell'area che comprende Illinois, Indiana, Iowa, Michigan, Minnesota, Missouri, Ohio, Wisconsin, Nord Dakota, Sud Dakota, Kansas e Nebraska – comprendevano sette granturchi bianchi e dodici gialli, ciascuno abbastanza diverso da meritare il nome di varietà (si noti che i contadini le potevano distinguere pur non essendo uniformi). Queste varietà differivano anche per la precocità, andando dai novanta giorni dei tipi considerati abbastanza precoci, ai centoventi di quelli considerati tardivi. Infine, anche l'uso che se ne faceva poteva essere molto vario: dal granturco dolce che veniva venduto ai conservifici a quello venduto come mangime al mercato a quello usato come mangime per i propri animali.

Da dove venivano i semi di granturco?

Un contadino esperto di granturco non distingueva solo quello giallo da quello bianco, ma per esempio era capace di riconoscere il bianco perla, il bianco crema, il bianco amido eccetera. La conoscenza dei contadini andava ben oltre le caratteristiche esteriori, perché per loro sapere quale granturco produceva bene e quale male era una conoscenza strategica fondamentale per la sopravvivenza. Questo perché i contadini producevano i raccolti a partire dai propri semi e i più selezionando le pannocchie in campo e nei silos.

Intorno al 1910, i contadini cominciarono a essere incoraggiati dalle stazioni di ricerca del Dipartimento di Agricoltura degli Stati Uniti (USDA) e dalla stampa specializzata ad avere più cura del processo di selezione: per esempio, il fisiologo dell'USDA C.P. Hartley in quegli anni era solito visitare molto spesso i contadini dell'Ohio, supervisionando il lavoro di selezione, e nel 1912 si vantò di aver contribuito con i suoi consigli a un aumento di 7-15 quintali per ettaro, da aggiungere ai 70 che molti contadini riuscivano a produrre. Il ministro dell'Agricoltura del tempo, «Tama Jim» Wilson, sosteneva che la selezione aveva aumentato la produzione di alcune varietà del 25-30%.

Quando il problema della suscettibilità alle malattie cominciò a farsi sentire (siamo intorno al 1915) partirono due programmi di ricerca, che nel breve termine dettero molto potere decisionale ai contadini, ma nel lungo periodo glielo sottrassero con l'effetto di dequalificarli. Nel primo, sempre con l'aiuto di tecnici e ricercatori, i contadini tentarono di fare del loro meglio, selezionando le piante più resistenti, e quelli che avevano più successo in quest'operazione riuscivano perlomeno a limitare le perdite.

Accantoniamo per un momento ciò che avveniva negli Stati Uniti agli inizi del Novecento. In Italia, e in modo del tutto indipendente, durante il fascismo si consigliava ai contadini di castrare – cioè togliere la parte maschile, che si trova alla sommità della pianta, prima che produca il polline;

il seme raccolto su queste piante è un ibrido, venendo necessariamente dal polline di altre – una fila di granturco e di lasciarne intatta un'altra: gli ibridi che ne venivano fuori determinarono un aumento del 30% rispetto alla produzione normale.[2] Questo tipo di conoscenza che anche i contadini italiani avevano acquisito attraverso la collaborazione con gli ispettorati agrari, evidentemente, venne accantonato nel momento in cui arrivarono gli ibridi americani.

Tornando agli Stati Uniti, prima del 1920 i contadini erano una componente essenziale negli sforzi di miglioramento genetico del granturco e quindi erano dei collaboratori ideali per i ricercatori. La loro conoscenza della coltura e della sua diversità e la conoscenza dei campi, ognuno con le proprie peculiarità, erano armi potenti nelle loro mani, con cui potevano garantirsi la stabilità economica. Non tutti i contadini dedicavano agli sforzi di migliorare il granturco lo stesso impegno, ma tutti condividevano una forma di conoscenza e una prospettiva che molti ricercatori, soprattutto della generazione successiva, non avevano. Anche la stampa contribuì a migliorare la capacità dei contadini di selezionare: per esempio, nel marzo del 1918, il «Wallaces' Farmer» pubblicava un articolo dal titolo *Corn Breeding Plot* («La parcella per il miglioramento genetico del granturco») nel quale si descriveva il metodo di miglioramento genetico noto come «spiga-fila».[3]

Il secondo programma di ricerca, invece, andò direttamente contro il principio per cui i contadini potevano e dovevano perfezionare continuamente la loro capacità di migliorare il granturco. Il problema della resistenza alle malattie, in questo caso, venne affrontato introducendo nel miglioramento genetico del granturco il concetto dell'autofecondazione continuata seguita dall'incrocio. Con l'autofecondazione continuata si ottenevano le linee *inbred*, le quali avevano due caratteristiche: erano più basse e molto meno produttive delle piante di partenza, perché riprodotte in modo opposto rispetto a quello naturale del granturco, che è l'incrocio. Erano quindi geneticamente pure, cioè davano progenie simili a loro stesse. Il vantaggio consisteva nel fatto che quando si incrociavano due linee *inbred* si ottenevano degli ibridi a volte molto più produttivi non solo delle *inbreds* (il che non era difficile), ma anche delle varietà da cui le *inbreds* erano state ottenute.

Nonostante la sua semplicità, il metodo aveva due problemi, a prima vista non evidenti, ma che di fatto impedirono ai contadini di poterlo utilizzare.

Il primo era di scala: era infatti necessario fare tantissimi incroci per trovarne uno davvero di successo (oggi ovviamente le cose sono cambiate). Le stazioni sperimentali pubbliche, pur avendo superfici abbastanza estese per condurre esperimenti sufficientemente ampi, non potevano competere con privati come, per esempio, i fratelli Funk, i quali potevano contare su quasi 9000 ettari dopo aver accorpato le proprietà di molti membri della famiglia.

Il secondo problema riguardava la necessità di tenere quaderni di campo, cosa di per sé non particolarmente complicata: si trattava di mantenere la tracciabilità tra genitori e figli e tra le varie generazioni.

Alcuni dei primi ricercatori coinvolti nel miglioramento genetico pensavano che l'abilità e la conoscenza dei contadini che coltivavano il granturco fossero utili al loro lavoro. Per esempio, Henry Wallace li considerava come la fonte migliore di varietà a libera impollinazione da cui ottenere *inbreds*, e il solo modo che i ricercatori avevano di identificarne di nuove era di fare affidamento sulla competenza e conoscenza dei contadini.

All'Università dell'Illinois questo era considerato un male necessario perché, non avendo abbastanza terreno, i ricercatori erano costretti a dare le loro *inbreds* ai contadini che si prestavano volontariamente per fare gli incroci. Ciò tuttavia non andava giù ai *breeders* (i miglioratori genetici) commerciali, i quali non ritenevano i contadini capaci di fare un lavoro accurato: il problema era se fossero abbastanza competenti per occuparsi di un programma di incroci del granturco. Negli anni Venti, Wallace aveva dichiarato che quello era un lavoro che chiunque avrebbe potuto fare.

Nel 1938 alcuni *breeders* commerciali ebbero un incontro con lo staff dell'Università dell'Illinois per esprimere la loro preoccupazione sul fatto che le *inbreds* venissero date liberamente ai contadini. Durante la riunione, le argomentazioni di O.J. Sommer sottolinearono bene l'attitudine dei *breeders* commerciali nei confronti dei contadini. Sommer non era un ricercatore, ma coltivava granturco, ne vendeva il seme e, d'accordo con commercianti in seme di granturco come lui, riteneva che non si potesse dare fiducia ai contadini in una faccenda così complessa come la produzione di granturco ibrido, quindi i contadini stessi dovevano affidarsi alla competenza dei *breeders*. Ma la presunta incompetenza dei contadini era probabilmente una scusa, perché i produttori di seme di granturco si erano lamentati della difficoltà di controllare la circolazione delle varietà anche prima dell'avvento degli ibridi. Molti *breeders* commerciali ritenevano di dover essere ricompensati per essersi fatti carico del lavoro necessario alla produzione degli ibridi e che, come gruppo di produttori di seme, dovevano opporsi all'idea che i contadini reimpiegassero il proprio seme. Articoli provocatori con titoli del tenore di «Battere i contadini al loro stesso gioco» e «Scoraggiare il reimpiego del seme», pubblicati su «Seed World» nell'aprile del 1919 (quindi prima dell'avvento degli ibridi), sono la chiara dimostrazione della crescente frustrazione dei *breeders* commerciali.[4]

LA FRUSTRAZIONE

Come un meccanico nella sua officina di fronte a uno strumento o un utensile controllato da un computer, i contadini americani si trovarono di fronte ai primi ibridi di granturco a metà degli anni Trenta.

Le caratteristiche dequalificanti di questa nuova tecnologia non erano tanto dovute a chi la proponeva, quanto alla natura inerte della tecnologia stessa. Infatti, come prima cosa, le piante degli ibridi erano indistinguibili le une dalle altre: i contadini, abituati a selezionare il granturco nel campo o nel silos, ora non avevano la più pallida idea di che cosa dovessero osservare. Inoltre, mentre con le vecchie varietà riuscivano a collegare alcune caratteristiche del seme (per esempio la dentatura e il colore) con la precocità o la capacità di crescere su terreni difficili, con il seme ibrido non c'era alcuna possibilità di prevedere come si sarebbe comportato sul campo. Se, per esempio, l'esperienza aveva loro insegnato che nei propri campi la varietà Reid Yellow Dent dava le migliori produzioni, questo non era di alcun aiuto per selezionare un ibrido ottenuto da una *inbred* derivata da Reid Yellow Dent e incrociata con altre tre *inbreds* sconosciute.

Infine, siccome gli ibridi non potevano essere coltivati per più di un anno, i contadini dovevano comprare un nuovo seme a ogni nuova stagione. Abituati a selezionare il loro granturco anno dopo anno, creando così nel tempo un granturco adattato alle condizioni della loro azienda, rimasero scioccati nello scoprire che conservare e riseminare il seme degli ibridi comportava una netta diminuzione della produzione nel secondo anno.

Quindi l'interesse dei contadini nella qualità dei semi a lungo termine era stato sostituito da un interesse a breve termine di un anno soltanto. Non vi era più nulla da costruire per il futuro: nel bene o nel male, ogni anno il seme era una nuova entità sconosciuta.

Questo drastico cambiamento nel tipo di seme di granturco determinò una serie di incomprensioni tra contadini e sementieri. Il problema principale, che si manifestò particolarmente nei primi anni, era il comportamento, che venne definito «capriccioso», degli ibridi, molti dei quali erano prodotti per aree ambientali molto ristrette e specifiche. In altre parole, nessun ibrido era capace di produrre bene nei diversi tipi di terreno e in diversi climi della zona maidicola degli Stati Uniti. La difficoltà di trovare un ibrido adatto alle necessità di uno specifico contadino emerse chiaramente dagli esperimenti condotti dall'Università dell'Illinois nel proprio stato. In alcune regioni, le vecchie varietà a libera impollinazione producevano decisamente meglio degli ibridi, essendosi adattate alle condizioni locali. Inoltre, gli ibridi si mostravano molto instabili quando coltivati in luoghi diversi da quello in cui erano stati prodotti. Come regola generale, le varietà a libera impollinazione erano superiori agli ibridi nelle zone con terreni poveri o non concimati, mentre gli ibridi producevano meglio in terreni ricchi e ben concimati.

Problemi simili si incontrarono anche in Italia, quando, dopo la Seconda guerra mondiale, arrivarono gli ibridi di granturco americani come parte del Piano Marshall, con l'aggravante della suscettibilità a malattie alle quali invece le varietà tradizionali erano resistenti.[5] Nel caso specifico del nostro paese, dove al momento dell'introduzione degli ibridi il granturco era una componente importante dell'alimentazione, il sapore e il colore degli ibridi americani si rivelarono insoddisfacenti a confronto con la diversità di quelli dei tipi locali, quindi la loro introduzione si tradusse in una trasformazione delle abitudini alimentari.

Alcune delle più grandi aziende sementiere sfruttarono il problema dell'adattamento degli ibridi a loro vantaggio.

Per esempio, la famiglia Funk riusciva a rassicurare i contadini, preoccupati che i venditori di semi potessero approfittare della loro scarsa conoscenza degli ibridi. Da una parte li metteva in guardia da chi, sfruttando la forte domanda di ibridi a fronte di una scarsa offerta, metteva sul mercato semi che ibridi non erano (questa abitudine continua ancora: in India qualche anno fa fu messo in commercio un seme di cotone spacciato per GM e che in realtà non lo era). Dall'altra, poiché i contadini non potevano in alcun modo distinguere gli ibridi buoni da quelli cattivi, Funk suggeriva: «Andate sul sicuro. Ordinate granturco ibrido Funk. Noi vi forniremo l'ibrido meglio adattato alla vostra azienda».

Il nome Funk ha una lunga storia nell'industria sementiera americana. Discendenti di un emigrante tedesco arrivato negli Stati Uniti nel 1733, diventarono amici personali di Abraham Lincoln, il quale era stato uno dei loro primi avvocati, e lo appoggiarono durante la sua campagna presidenziale. Si dice che grazie a questo riuscirono a far deviare la ferrovia per farla passare più vicina a loro. Molti membri della famiglia Funk entrarono in politica. Diverse generazioni dopo, nel 1935, Edward J. Funk e i suoi figli ebbero un ruolo pionieristico nello sviluppo e nella diffusione del granturco ibrido. La ditta sementiera Funk venne poi venduta alla Ciba-Geigy e attraversò varie vicende, finché la Syngenta acquistò i marchi che si fanno risalire alla ditta Funk, destino, questo, comune a molte aziende sementiere.

Il problema per i contadini era complesso: nel 1937 l'Università dell'Illinois aveva prodotto un centinaio di ibridi, tutti disponibili per chiunque ne facesse richiesta. Il catalogo della Funk comprendeva trentasei ibridi propri e trentanove pubblici, cioè dell'Università dell'Illinois. Anche se tutti questi non erano granché diversi l'uno dall'altro, il loro numero contribuì a convincere i contadini che le loro conoscenze non potevano servire a nulla nella nuova attività misteriosa che portava alla selezione degli ibridi. Gli stessi rivenditori di semi erano piuttosto perplessi a causa dell'invisibilità delle caratteristiche degli ibridi.

La rivoluzione del granturco

Tuttavia, tempo un decennio dalla metà degli anni Trenta, quando fu introdotto, e nonostante la confusione e i problemi, il granturco ibrido sostituì le vecchie varietà a libera impollinazione. Verso la metà degli anni Trenta gli ibridi rappresentavano soltanto lo 0,4% della superficie seminata a granturco negli Stati Uniti, mentre nel 1945 ne costituivano già il 90%. Queste cifre sono abitualmente citate nella maggior parte dei libri di miglioramento genetico, ma senza quanto segue.

A parte il fatto che, a partire dal 1940, quasi tutte le ditte sementiere smisero di vendere le varietà a impollinazione libera, ci sono almeno tre diversi motivi che spiegano la rapidità con cui avvenne il passaggio da queste agli ibridi. Intanto gli ibridi avevano il vantaggio di produrre di più e di resistere alle comuni malattie e insetti e alla siccità molto meglio delle varietà tradizionali. A questo si aggiunse la concomitanza di una serie di stagioni siccitose a metà degli anni Trenta, in particolare nel 1936, quando il seme di granturco divenne pressoché introvabile. In quel periodo i contadini erano disposti a comprare qualunque seme disponibile pur di riuscire a seminare. Infine, bisogna citare il programma di riduzione delle superfici di granturco, in virtù del quale il governo pagava quei contadini che riducevano gli ettari destinati al granturco, che scesero dai 44,7 milioni del 1932 ai 35 milioni del 1940 e ai 33,1 milioni del 1950.

Questo spinse i contadini più intraprendenti a provare gli ibridi che producevano di più per ettaro, sacrificando soltanto una piccola parte dei loro profitti e intascando il contributo del governo.

Affermare che i contadini preferirono gli ibridi perché erano superiori alle varietà a impollinazione libera significa quindi ignorare che fecero questa scelta per ragioni forse più impellenti.

LEZIONI PER I NOSTRI TEMPI

I contadini americani che vissero tra il 1920 e il 1930 facevano lavori manuali pesanti ed erano padroni dei propri strumenti e mezzi di produzione, compresi i semi. Lavoravano senza supervisione e prendevano tutte le decisioni seguendo le proprie necessità. Somigliavano più a degli abili artigiani che a degli operai dell'industria. Ma, a differenza di molti artigiani e anche della maggior parte degli operai, i contadini, in generale, scelsero di non organizzarsi in un fronte unico. Nonostante le avversità, fossero esse economiche, legislative, sociali o politiche, decisero di rimanere fedeli alla loro condizione di produttori indipendenti, restando così molto più invisibili di altre categorie di lavoratori. Questo favorì la loro capacità di adattarsi ai cambiamenti tecnologici, molti dei quali, come l'elettricità, gli inoculi, i concimi e perfino i trattori, entrarono nell'uso quotidiano gradualmente, combinando la modernità con una tradizione di autosufficienza.

Con gli ibridi, invece, non ci fu nulla di graduale.

Non vi fu modo di combinare le conoscenze utili a coltivare e selezionare le varietà a impollinazione libera con quelle necessarie a coltivare gli ibridi: fu un'innovazione del tipo tutto o nulla. Gli ibridi riuscirono a escludere i contadini dalla comprensione del processo volto al loro ottenimento, a meno che non si rivolgessero a esperti. Per questo Jack Kloppenburg, analizzando la transizione dall'agricoltura contadina a quella industriale, parla, come abbiamo già detto, di espropriazione. Una metafora illuminante è quella che descrive le varietà a impollinazione libera come trasparenti, mentre gli ibridi sono opachi. Ciò che importa sottolineare non è tanto come i contadini accondiscesero al cambiamento, ma il fatto che la loro autorità e conoscenza furono delegate, ma non dai contadini, ai genetisti e ai sementieri.

Gli ibridi, di fatto, subentrarono in un'attività che i contadini avevano sempre fatto da soli. La letteratura che ha accompagnato con toni trionfali questa innovazione non si è accorta (davvero non si è accorta?) che gli ibridi furono una sostituzione, piuttosto che un fenomeno completamente nuovo. Essi fecero sì che la conoscenza che i contadini avevano sviluppato nel corso del tempo – a proposito delle differenze tra le varietà per i loro tempi di maturazione, per la qualità come alimento per il bestiame, per la suscettibilità a insetti e malattie, e in particolare per le caratteristiche che un buon granturco doveva avere per una determinata azienda – non avesse più alcun valore per i contadini, anche se, per ironia della sorte, ne aveva anche più che in passato per i *breeders*, i quali non potevano farne a meno per trovare gli ibridi migliori.

A questo punto Deborah Fitzgerald, il cui racconto fin qui ci ha perfino commosso, ci fa cadere letteralmente le braccia. Sentite cosa dice: «In realtà, il tentativo del contadino di selezionare il seme dal suo campo di granturco ibrido veniva scoraggiato perché causava la perdita del raccolto l'anno successivo».

Ma chi gliel'ha detto?

Se qualcuno avesse invece detto ai contadini: «Se raccogliete un gran numero di pannocchie dal vostro campo di granturco ibrido – a caso, tanto le piante sono tutte geneticamente uguali e non avrebbe senso fare la selezione – e ne riseminate i semi, è vero che la produzione diminuisce, ma allo stesso tempo, per una legge della genetica che si chiama "segregazione degli ibridi", vi troverete di fronte a piante tutte diverse, ancora più diverse di quelle che siete stati sempre abituati a vedere, e tra le quali potreste ricominciare a fare la selezione come avete sempre fatto. Ancora meglio, se i vostri vicini, nel caso abbiano comprato un ibrido diverso dal vostro, fanno lo stesso lavoro, mescolando il seme raccolto dai diversi campi e seminandolo, la diversità che esploderà l'anno successivo sarà ancora più grande», oggi potremmo raccontare la storia degli ibridi di granturco, e di tutti quelli delle altre colture che si sono susseguiti nel tempo, come una storia di «riappropriazione» non solo dei semi, ma di tutte le conoscenze a essi associate.

Note

[1] Fitzgerald D., *Farmers Deskilled*, cit.

[2] Bernardi E., *Il mais «miracoloso». Storia di un'innovazione tra politica, economia e religione*, Carocci Editore, Roma 2014, p. 199.

[3] *Corn Breeding Plot*, «Wallaces' Farmer», 1918, 43(13): 578.

[4] *Beating the Farmer at His Own Game*, «Seed World», 1919, 512; *Discouraging Home Seed Saving*, «Seed World», 1919, 422.

[5] Bernardi E., *Il mais «miracoloso»*, cit.

10

Una soluzione: l'agricoltura biologica

Una soluzione che molti consumatori hanno scelto negli ultimi tempi è quella di affidarsi ai prodotti dell'agricoltura biologica, la quale, se da un lato offre molte più garanzie di cibo sano ampiamente dimostrate dalla ricerca, dall'altro non è esente da critiche. Le più comuni sono che i prodotti bio sono più costosi, e che le produzioni che si ottengono con l'agricoltura biologica sono quantitativamente inferiori, per cui non riuscirebbero a sfamare i circa nove miliardi di persone che saremo nel 2050.[1] Legata a quest'ultima critica ce n'è una terza, che ricorre molto spesso anche sulla stampa italiana, secondo cui con una completa conversione all'agricoltura biologica occorrerebbe molta terra in più per sfamare il mondo. Alla prima critica si può rispondere facilmente: il vero problema non è che il cibo biologico costa troppo, ma che il cibo non biologico costa troppo poco, nascondendo quelli che sono i veri costi che i consumatori devono poi pagare, o già pagano, al di fuori dei supermercati prima ancora di entrarci. A parte gli effetti negativi sull'ambiente (suolo, acqua e aria) della politica dell'industria alimentare di produrre cibo a basso costo,[2] ci sono quelli sulla nostra salute: basti pensare che ogni paziente affetto da diabete pesa oggi sul Sistema sanitario nazionale per un totale di 2589 euro l'anno, e che le terapie legate al diabete equivalgono, sempre per il Sistema sanitario nazionale, a circa il 9% del bilancio, ovvero 8,26 miliardi di euro.[3] Bisogna tener presente che queste cifre sono in aumento: secondo l'Organizzazione mondiale della sanità, se la tendenza attuale dovesse continuare, nel 2022 i bambini e gli adolescenti – quindi le persone comprese nella fascia di età tra i cinque e i diciannove anni – obesi saranno più di quelli denutriti. Poiché l'obesità è il principale fattore di rischio per il diabete di tipo 2, il costo sociale di questa patologia è destinato ad aumentare.

Uno degli studi recenti più convincenti sul valore salutistico del cibo biologico viene dalla Francia.[4] Questa ricerca ha esaminato ben 68.946 individui, di cui il 78% donne, con un'età media di circa quarantaquattro anni, per circa diciassette anni, dal 2009 al 2016. Durante questo periodo nel gruppo di persone studiate sono insorti 1340 nuovi casi di cancro, di cui quelli prevalenti erano 459 del seno, 180 della prostata, 135 della pelle, 99 del colon, 47 di linfoma non-Hodgkin e 15 di altri linfomi. Confrontando i casi di tumore con le abitudini alimentari delle persone studiate, si è scoperto che il consumo molto frequente di cibo biologico era associato a un rischio più basso di contrarre il cancro.

La seconda critica, cioè che le produzioni dell'agricoltura biologica sono inferiori a quelle dell'agricoltura convenzionale, addirittura del 50%, come si legge in una recente intervista a Elena Cattaneo,[5] è usata più spesso della prima per sostenere che con il bio molte più persone soffrirebbero la fame.

Non è chiaro da dove vengano questi dati. Una recente metanalisi parla di riduzioni (citate dai contadini) del 27-34% (nelle prove parcellari si scende al 20-25% con minimi dell'8%). Lo stesso studio parla di grosse differenze tra colture (perdite maggiori per la soia, minori per granturco e frumento) e della relazione tra clima e produzione (nel caso del granturco le differenze si attenuano moltissimo negli anni siccitosi, cosa che però non si osserva con la soia).[6] Ci sarebbe molto più da dire sul fatto che, a livello sperimentale, le differenze si riducono molto.[7]

Come si fa a parlare di un sistema, ci si chiede, che produce di meno quando è invece necessario aumentare le produzioni agricole del 70% o perfino del 100% entro il 2050?

Recentemente molte delle affermazioni su cui si basa questa seconda critica sono state messe in discussione. Innanzitutto, ci si dimentica delle enormi quantità di cibo che vanno a finire nei rifiuti, ben un miliardo e 300.000 tonnellate, pari cioè al 30% della produzione agricola.[8] In aggiunta a questo, si stima che, globalmente, produciamo una quantità di cibo che corrisponde a circa 4600 chilocalorie/persona/giorno e, pur perdendone circa 1400 dopo la raccolta, durante la distribuzione e il consumo domestico, ne rimangono quasi 1000 in più delle 2360 chilocalorie/persona/giorno che secondo l'Organizzazione mondiale della sanità sono sufficienti per una vita sana.[9] Quindi comincia a farsi strada l'ipotesi che la necessità di aumentare le produzioni agricole del 70% o perfino del 100% entro il 2050 sia una stima volutamente gonfiata, sfruttata da istituzioni e individui con una precisa ideologia per quanto riguarda il problema della sicurezza alimentare.[10] In altre parole, sarebbe un mezzo per giustificare l'uso delle biotecnologie, come per esempio gli OGM, che tante polemiche hanno suscitato.

Cosa fa la scienza?

Non dobbiamo dimenticare che, come detto in precedenza, il cibo deriva dai semi e che quindi la causa prima dei problemi di salute che affliggono oggi il mondo deve essere cercata nel modo in cui questi vengono prodotti. E poiché i semi, che producono il cibo che ha tutti quegli effetti sulla nostra salute, vengono prodotti da quella scienza che si chiama miglioramento genetico, per cambiare le cose bisogna ripensare al modo in cui si fa il miglioramento genetico stesso, in modo da passare dal coltivare uniformità al coltivare diversità.

Oggi gran parte del miglioramento genetico «istituzionale» ha come obiettivo l'agricoltura industriale (la sola che secondo alcuni sarà in grado di sfamare il mondo, ma che oggi produce solo il 30% del cibo), e quindi si basa sulla selezione, nelle stazioni sperimentali, di varietà uniformi – per rispettare le leggi sui semi di cui parlavamo prima – e capaci di produrre il massimo con il supporto di concimi e pesticidi. Non esiste, o è presente in misura modestissima, un miglioramento genetico specifico per l'agricoltura biologica. Quindi uno dei motivi della differenza di produzione tra agricoltura convenzionale e biologica è che in quest'ultima, mancando varietà a essa adatte, vengono impiegate le stesse varietà selezionate per l'agricoltura industriale, le quali ovviamente, trovandosi in una situazione completamente diversa da quella nella quale e per la quale sono state selezionate, producono di meno.

Questo è un aspetto importante che merita di essere approfondito. Infatti il miglioramento genetico è sincronizzato in modo pressoché perfetto con il modello di agricoltura industriale che utilizza la combinazione di varietà uniformi e chimica. Quest'ultima tende a ridurre di molto le differenze tra località diverse e quindi le ditte sementiere possono accontentare molti contadini con poche varietà. In altre parole, un miglioramento genetico centralizzato unito a un sistema sementiero ugualmente centralizzato serve benissimo allo scopo.

L'agricoltura biologica è tutt'altra cosa. Nel momento in cui non è più possibile utilizzare prodotti chimici di sintesi, ma si adotta una visione agroecologica, si entra in un concetto completamente diverso di agricoltura, basato sull'agrobiodiversità, su tecniche agronomiche che aumentano la sostanza organica del terreno, sulle rotazioni, sui sovesci, sulla ridotta lavorazione del terreno e su pratiche agroforestali.

Quella biologica è stata l'agricoltura praticata per migliaia di anni: in Italia, basta parlare con i contadini della scorsa generazione, o di quella prima, per rendersi conto di quanto recente sia l'uso della chimica di sintesi in agricoltura. Oggi il modo in cui alleviamo il bestiame e pratichiamo l'agricoltura, insieme all'industria alimentare, non solo non mette a disposizione della società cibo nutriente e sano, ma ha impatti negativi quali la perdita di biodiversità, l'erosione del suolo, l'inquinamento, il danno alla salute umana e bassi redditi in agricoltura.[11]

È in questo quadro che va inserita l'agricoltura biologica, che è una scelta obbligata se si vogliono risolvere problemi quali la fame e la malnutrizione, a loro volta legati alla povertà, al progressivo deterioramento della salute umana, al cambiamento climatico e alla perdita di biodiversità.

L'espressione «agricoltura biologica» indica un metodo di coltivazione e di allevamento con impiego di sole sostanze naturali, escludendo l'utilizzo di prodotti di sintesi chimica (concimi, diserbanti, insetticidi). È un modello agroecologico di produzione, che evita lo sfruttamento fino all'esaurimento delle risorse naturali, del suolo, dell'acqua e dell'aria, utilizzandole invece all'interno di un modello sostenibile di sviluppo.

La coltivazione biologica ricostruisce l'equilibrio nelle aziende. Qualora si rendesse necessario intervenire per la difesa da parassiti e altre avversità, il contadino può fare ricorso esclusivamente alle sostanze di origine naturale autorizzate dal regolamento europeo (la cosiddetta «lista positiva»). Questo è stato utilizzato anche per applicare un modello di agricoltura biologica noto come «di sostituzione», che cioè sostituisce i prodotti chimici di sintesi con quelli autorizzati, mentre il sistema agricolo rimane lo stesso in termini di rotazioni e di biodiversità. Tale modello non si può tradurre nei molteplici benefici che ha invece quello agroecologico.

L'agricoltura biologica è diversa da zona a zona e, nella stessa zona, da contadino a contadino, pertanto non può essere servita né dallo stesso tipo di miglioramento genetico né dallo stesso modello di sistema sementiero dell'agricoltura industriale. Come vedremo più avanti, il miglioramento genetico evolutivo è in grado di produrre varietà adattate in modo specifico all'eterogeneità dell'agricoltura biologica, mentre il seme per il mondo del biologico può essere prodotto solo da un sistema sementiero diffuso controllato dai contadini stessi.

L'ultima critica è quella che riguarda la superficie di terreno che sarebbe necessaria per sfamare il pianeta con l'agricoltura biologica: si è letto infatti sulla stampa che servirebbe molta più terra, secondo alcuni addirittura il 100% in più, perché l'agricoltura biologica produce meno di quella convenzionale. Anche in questo caso non si capisce bene da dove vengano i dati. Infatti, in uno studio pubblicato nel novembre del 2017 su una rivista di una certa importanza, è stata condotta un'analisi molto complessa, considerando gli effetti combinati di diverse percentuali di superfici agricole coltivate in biologico, di diverse conseguenze del cambiamento climatico, di diversi livelli di riduzione degli sprechi alimentari e delle superfici destinate ad alimenti animali.[12] Nella peggiore delle ipotesi ci sarebbe bisogno del 71% di terra in più, che è sempre tanto, ma è anche molto meno del 100%. Peraltro, ottimizzando anche solo alcuni dei fattori citati, con una completa conversione al biologico si potrebbe risparmiare fino al 18% delle superfici agricole; se invece tutta l'agricoltura mondiale diventasse biologica, ottimizzando tutti i fattori a cui si è accennato, servirebbe soltanto il 7% di terra in più.[13]

Ci sono poi critiche che non meriterebbero risposta, se non per il fatto che trovano facilmente spazio sulla stampa e colpiscono molto i lettori che non hanno accesso alle informazioni necessarie, solitamente pubblicate in lingua inglese e poi riportate in modo parziale.

Una di queste critiche è comparsa in un articolo su «D» del 21 luglio 2018 dal titolo *Il biologico? Sì, fa bene. Ma solo a chi lo produce.*[14] Dice l'articolo: «Fra gli equivoci su cui si regge il racconto del prodotto "naturale=buono" c'è il concetto stesso di "biologico" che nulla ha a che fare con la qualità in sé dei prodotti (proposta come superiore) o il presunto maggiore valore nutritivo (che, secondo un'indagine di Altroconsumo, non hanno). Il biologico è "solo" una certificazione di una procedura di produzione, non di un gusto o di qualità finali migliori».

Uno studio pubblicato su una rivista che gode di un'ottima reputazione mette a confronto l'agricoltura convenzionale e quella biologica sulla base di dodici parametri:[15]

1. resa;
2. qualità del terreno;
3. uso di energia;
4. biodiversità;
5. inquinamento delle acque;
6. redditività;
7. costo totale;
8. servizi ecosistemici;
9. creazione di posti di lavoro;
10. esposizione dei lavoratori agricoli ai pesticidi;
11. uso di pesticidi;
12. qualità nutrizionali.

Nel confronto, l'agricoltura biologica vince undici a uno, perdendo soltanto nelle rese. Nel caso delle qualità nutrizionali, la differenza non è molta, anche se sempre a favore del cibo biologico, che contiene più vitamina C, più antiossidanti, più acidi grassi con omega-3 e ha un migliore rapporto omega-3/omega-6.

Quest'ultimo confronto si basa su quindici lavori scientifici che analizzano le qualità nutrizionali del cibo biologico e del cibo convenzionale: solo tre di essi non trovano differenze, i soli tre sui quali sembra sia basato l'articolo di «D».

Ci sono poi altri aspetti meno conosciuti e meno pubblicizzati, come per esempio il fatto che, laddove l'agricoltura biologica è praticata bene, il divario di produzione con quella convenzionale si riduce di molto, fin quasi ad annullarsi, e anche il fatto che in condizioni di severa siccità, che ci aspettiamo con frequenza sempre maggiore, le aziende biologiche producono spesso più di quelle convenzionali.

Sembra quindi che, quando ci si scaglia contro il biologico, lo si faccia omettendo tutta una serie di informazioni o fornendone di scorrette, come quelle sui sussidi. Dice sempre lo stesso articolo su «D»: «L'agricoltura biologica può contare su sussidi pubblici». Anche qui non spiega che tutta l'agricoltura vive dei sussidi previsti dalla Politica agricola comune (PAC), inclusa quella convenzionale, i cui risultati negativi di impatto sull'ambiente e sulla salute sono oggi al centro della discussione sulla riforma della PAC stessa. Non dice nemmeno che il biologico è l'unico metodo di produzione per cui il premio è subordinato al rispetto di norme sancite da un regolamento europeo e ai controlli degli organismi appositi.

Infine, un dato che dovrebbe far riflettere il consumatore: nella produzione degli alimenti biologici trasformati sono permessi quarantasette additivi alimentari contro i circa quattrocento utilizzabili nella produzione di cibo convenzionale. Tra questi figurano il nitrito di sodio e il nitrato di potassio, il cui impiego è però consentito soltanto per i prodotti biologici a base di carne e qualora sia stato dimostrato, in modo soddisfacente per l'autorità competente, che non esiste alcun metodo tecnologico alternativo in grado di offrire le stesse garanzie di preservare le peculiari caratteristiche del prodotto. Il disciplinare Demeter per la produzione di alimenti biodinamici trasformati è ancora più restrittivo, perché consente di impiegare meno della metà degli additivi permessi nella produzione biologica.

Note

[1] Connor D.J., *Organic Agriculture Cannot Feed the World*, «Field Crops Research», 2008, 106(2): 187-190.

[2] Sukhdev P., May P., Müller A., *Fix Food Metrics*, «Nature», 2016, 540(7631): 33-34.

[3] Per visionare il comunicato stampa dell'Istat: http://www.istat.it/it/archivio/71090.

[4] Baudry J., Assman K.E., Touvier M., Allès B. *et al.*, *Association of Frequency of Organic Food Consumption with Cancer Risk: Findings from the NutriNet-Santé Prospective Cohort Study*, «JAMA Internal Medicine», 2018, 178(12): 1597-1606.

[5] https://www.ilsole24ore.com/art/impresa-e-territori/2019-03-08/il-biologico-favola-bella-e-impossibile-intervista-elena-cattaneo-115909.shtml?uuid=ABNq64bB.

[6] Kravchenko A.N., Snapp S.S., Robertson G.P., *Field-Scale Experiments Reveal Persistent Yield Gaps in Low-Input and Organic Cropping Systems*, «Proceedings of the National Academy of Sciences», 2017, 114(5): 926-931.

[7] Campanelli G., Canali S., *Crop Production and Environmental Effects in Conventional and Organic Vegetable Farming Systems: The Case of a Long-Term Experiment in Mediterranean Conditions (Central Italy)*, «Journal of Sustainable Agriculture», 2012, 36(6): 599-619.

[8] Gustavsson J., Cederberg C., Sonesson U., van Otterdijk R. *et al.*, *Global Food Losses and Food Waste: Extent, Causes and Prevention*, FAO, Roma 2001.

[9] Smil V., *Feeding the World: A Challenge for the Twenty-First Century*, MIT Press, Cambridge 2000.

[10] Tomlinson I., *Doubling Food Production to Feed the 9 Billion: A Critical Perspective on a Key Discourse of Food Security in the UK*, «Journal of Rural Studies», 2013, 29: 81-90.

[11] Eyhorn F., Muller A., Reganold J.P., Frison E. *et al.*, *Sustainability in Global Agriculture Driven by Organic Farming*, «Nature Sustainability», 2019, 2: 253-255.

[12] Muller A., Schader C., El-Hage Scialabba N., Brüggemann J. *et al.*, *Strategies for Feeding the World More Sustainably with Organic Agriculture*, «Nature Communications», 2017, 8(1): 1290.

[13] https://www.ilsole24ore.com/art/impresa-e-territori/2019-03-08/il-biologico-favola-bella-e-impossibile-intervista-elena-cattaneo-115909.shtml?uuid=ABNq64bB

[14] http://www.cattaneoinsenato.it/il-biologico-si-fa-bene-ma-solo-a-chi-lo-produce-da-d-di-repubblica-21-luglio-2018/.

[15] Reganold J.P., Wachter J.M., *Organic Agriculture in the Twenty-First Century*, «Nature Plants», 2016, 2(2): 15221.

11

Non è tutto oro quello che luccica: le biotecnologie

Le mezze verità, e le vere e proprie bugie, a proposito non solo di agricoltura biologica, ma anche di OGM e biotecnologie, sono ormai all'ordine del giorno. Erano già un'abitudine quando si parlava degli effetti della prima bomba atomica: «*A very pleasant way to die*», un modo molto piacevole di morire, fu la frase pronunciata dal generale Leslie Groves durante la sua testimonianza di fronte alla Commissione del Senato degli Stati Uniti nel novembre del 1945, riferita alle morti causate dalle bombe atomiche sganciate sul Giappone. Ora sembra che quegli effetti devastanti fossero stati previsti fin dal 1940.

Nel 2018, ma anche nei primi mesi del 2019, mentre stavamo lavorando al libro, indirettamente o direttamente si è parlato molto di biotecnologie.

Indirettamente attaccando i modi di fare agricoltura (biologici e biodinamici) che si basano sui principi di agroecologia. Questa è ormai considerata una scienza, dato che viene anche insegnata nelle università (al Berkeley Food Institute dell'Università di Berkeley in California, ma anche in Olanda, in Germania e in alcune università italiane, tanto per fare degli esempi).

Uno degli argomenti si basa sul divieto per l'agricoltura biologica e biodinamica di coltivare OGM, ai quali recentemente sono stati equiparati, suscitando molta indignazione in chi si ritiene un conoscitore di biotecnologie, gli organismi vegetali ottenuti con il *gene editing*, che invece molti ricercatori del settore vorrebbero considerare come nuove tecniche di miglioramento varietale (NBT, dall'inglese *new breeding techniques*), non equiparabili agli OGM.[1]

Direttamente se ne è parlato spesso anche sulla stampa italiana, lamentando gli svantaggi di cui soffrirebbe non solo l'agricoltura nazionale, ma anche quella mondiale, e quindi la possibilità di dare da mangiare a tutti nonostante le crescenti difficoltà dovute, tra le altre cose, ai cambiamenti climatici, ai divieti e agli ostacoli posti all'uso degli OGM e delle NBT.

Di recente gli OGM sono stati citati come possibilità per combattere la Sharka del pesco, mentre le NBT per risolvere il problema della Xylella dell'olivo.

Questo è un argomento che occupa un posto di diritto nel nostro libro, perché nel mondo vegetale OGM e NBT hanno a che fare con i semi, da cui proviene il cibo, dal quale dipende la nostra salute. Queste tecniche vengono proposte per velocizzare la soluzione di problemi che fanno apparire il futuro come molto incerto, quindi cerchiamo di leggere tempestivamente quanto viene pubblicato su questo argomento privilegiando le riviste più accreditate. Confrontando le riviste specializzate (quasi sempre in lingua inglese) con i mezzi di comunicazione italiani (compresi i social media), i soli accessibili a coloro che con la lingua inglese non hanno dimestichezza, ci accorgiamo che quasi sempre l'informazione è incompleta, proprio come nel caso dell'agricoltura biologica.

Qui vogliamo procedere completando quanto già detto sugli OGM e aggiungendo qualche considerazione sulle NBT.

Geni estranei sono stati introdotti per la prima volta con successo nelle piante oltre trentacinque anni fa.[2] Da allora le colture GM hanno promesso una seconda rivoluzione verde: una dovizia di alimenti nutrienti, carburanti e fibre che potrebbero fornire cibo a chi ne ha bisogno, generare profitti per i contadini e promuovere un ambiente più ecologico.[3]

In realtà, mentre da una parte molti mettono in dubbio gli aumenti produttivi[4] ottenuti grazie all'uso degli OGM, dall'altra l'evoluzione della resistenza dei parassiti (per esempio la resistenza all'erbicida Roundup di un'infestante del cotone GM negli Stati Uniti,[5] o della diabrotica del granturco GM)[6] e l'aumento degli insetti non-target (per esempio l'infestazione diffusa di miridi in Cina dopo l'introduzione del cotone GM)[7] hanno mostrato il lato debole degli OGM.

La principale debolezza degli organismi geneticamente modificati, che è la stessa delle varietà prodotte con metodi convenzionali e che possiedono un singolo gene di resistenza a un parassita specifico (malattia, insetto o infestante), è che essi ignorano un principio biologico fondamentale. Per spiegare questo principio dobbiamo ricordare due cose.

In primo luogo, i funghi che causano malattie, gli insetti che danneggiano le nostre colture e le piante infestanti che con esse competono sono tutti organismi viventi e, come tali, sono variabili, si riproducono, mutano e si evolvono per adattarsi a nuove condizioni, come formalizzato nel teorema fondamentale della selezione naturale.[8] Questo teorema dice una cosa molto semplice e cioè che, se l'ambiente che circonda un gruppo di esseri viventi cambia, quel gruppo di esseri viventi o si estingue o, se ha sufficiente variabilità genetica, si evolve adattandosi al nuovo ambiente.

In secondo luogo, per crescere e riprodursi, i parassiti di ogni genere hanno bisogno di un ospite. Questo è vero soprattutto per i funghi e per gli insetti, ma anche per alcune infestanti, le cosiddette infestanti parassite. L'ospite è la pianta (o più in generale l'organismo) che attaccano. Se tale organismo è completamente resistente, essi muoiono. Tutti? No, non tutti, perché sono variabili, e le rare mutazioni spontanee che rendono i parassiti capaci di attaccare l'ospite avvengono di continuo, consentendo agli individui che ne sono portatori di sopravvivere. In assenza dell'ospite resistente, questi individui non hanno alcun vantaggio specifico, ma se all'improvviso, come accade con le varietà uniformi che sono ora prevalentemente coltivate nell'agricoltura moderna, una varietà nuova, geneticamente uniforme e resistente, sia essa GM o convenzionale, viene coltivata, è come se cambiassimo l'ambiente che li circonda. Nel nuovo ambiente questi individui diventano i soli in grado di riprodursi, e poiché tutte le piante delle varietà moderne sono geneticamente identiche, si diffondono molto in fretta. La generazione successiva sarà in gran parte costituita dai nuovi tipi, capaci di attaccare l'ospite. Se la varietà ospite non dovesse cambiare, avremo un'epidemia ed estese perdite di raccolto.

Lo stesso avviene quando entriamo in un campo e lo irroriamo con un insetticida, un fungicida o un erbicida. Di fatto, all'improvviso, cambiamo l'ambiente che circonda insetti, funghi ed erbe infestanti e, senza accorgercene, facciamo esattamente l'opposto di quello che pensiamo di fare, cioè selezioniamo gli insetti, i funghi e le erbe infestanti resistenti a quel particolare prodotto che stiamo usando. Quando ci accorgiamo di quello che abbiamo fatto, cioè l'anno dopo, dobbiamo usare dosi maggiori dello stesso prodotto, o un altro più potente, in una rincorsa senza fine.

Un esempio molto noto è quello della diffusione di erbe infestanti del cotone GM resistenti all'erbicida Roundup in alcune zone della Georgia, negli Stati Uniti. Il cotone GM fu introdotto negli USA nel 1997 e, qualche anno dopo, i contadini si accorsero che non tutte le infestanti morivano dopo averle trattate con l'erbicida. Ancora qualche anno e, nel 2012, il 92% dei coltivatori di cotone GM ha dovuto diserbare a mano il 54% dell'intero raccolto.[9]

Altri casi di evoluzione di resistenze sono stati documentati per la resistenza agli insetti[10] e per quella alle malattie.[11]

Quanto detto accade anche negli esseri umani, quando i batteri sviluppano resistenza agli antibiotici,[12] un fenomeno che sta diventando estremamente problematico a livello mondiale.[13]

Per concludere, qualsiasi meccanismo di protezione contro un parassita delle colture, che sia di natura genetica o chimica, può essere descritto come stabile o instabile. Gli OGM appartengono alla categoria delle soluzioni instabili ed è per questo che, nella migliore delle ipotesi, forniscono soltanto una soluzione temporanea, che a sua volta, come descritto sopra, crea un nuovo problema (una razza più resistente del parassita), che richiede una soluzione diversa (un nuovo OGM o maggiori dosi di pesticida). Pertanto, l'introduzione di OGM in agricoltura avvia una reazione a catena di cui beneficia solo l'azienda produttrice degli OGM stessi.

Recentemente un lavoro che ha suscitato molto interesse riconosce che «l'evoluzione della resistenza da parte dei parassiti e la conseguente ridotta efficienza della coltura GM non possono essere escluse»,[14] ma si limita a proporre possibili soluzioni sempre basate su OGM, cioè svilupparne altri con più di un gene per la resistenza, una strategia che non fa altro che rimandare il problema.

L'evoluzione della resistenza è particolarmente allarmante nel caso delle erbe infestanti. Ricordando che gli OGM resistenti agli erbicidi sono la stragrande maggioranza, coprendo l'86% di tutta la superficie coltivata a OGM (includendo anche quelli che combinano resistenza a erbicidi e a insetti), la società scientifica americana che si occupa di infestanti (la WSSA, che corrisponde alla SIRFI, la Società italiana per la ricerca sulla flora infestante) nel 2016 ha riportato che, dalla prima comparsa di erbe infestanti resistenti agli erbicidi nel 1957, 250 specie hanno sviluppato resistenza a 160 diversi erbicidi, che includono 23 dei 26 meccanismi d'azione conosciuti. Sono state trovate in 86 colture in 66 paesi, rendendo la resistenza agli erbicidi un problema veramente globale.

Molti avranno sentito parlare di obsolescenza programmata o pianificata. Nel mondo industriale è una strategia aziendale: l'obsolescenza (il processo del diventare obsoleto, cioè fuori moda o non più utilizzabile) di un prodotto è pianificata e costruita al suo interno fin dal concepimento dello stesso, in modo che in futuro il consumatore abbia o senta la necessità di acquistare nuovi prodotti e servizi che il produttore lancia come sostituti di quelli vecchi. Negli anni Trenta, per esempio, la molecola del nylon fu sintetizzata nel laboratorio dell'azienda chimica DuPont. Il nuovo prodotto venne subito utilizzato per le calze da donna. Fu un grande successo, ma presto ci si accorse che le calze duravano troppo a lungo. La fibra venne quindi indebolita per limitare la durata delle calze.

A noi sembra che gli OGM siano l'espressione, in biologia, della stessa strategia. Incidentalmente, oggi la Dow-DuPont Inc. (è così che si chiama la multinazionale nata dalla fusione della Dow con la DuPont) è una delle maggiori aziende produttrici di OGM.

A proposito di NBT

Oggi degli OGM sembra si parli sempre meno, e si ha l'impressione che stiano passando rapidamente di moda, anche perché chi vede nel modificare il DNA il futuro di tutto è oggi molto più affascinato dalla tecnica del *gene editing* (letteralmente «correzione dei geni»). Questa è fatta con tecniche di cui la più nota è CRISPR-Cas9.

Si tratta di un metodo, peraltro usato in natura dai batteri per difendersi dai virus, che permette di tagliare un pezzettino di DNA corrispondente a un gene difettoso, o che comunque si vuole cambiare, e di sostituirlo con il pezzettino che corrisponde al gene corretto o a quello più desiderabile.

Il *gene editing* è stato salutato come quello che avrebbe rivoluzionato medicina e agricoltura, e in effetti in campo medico sono subito cominciati esperimenti per correggere geni difettosi che causano malattie.

Di questa tecnica si è parlato recentemente nell'articolo su «D» citato in precedenza. Dice: «Accantonato il biologico dei non-vantaggi, per produrre e nutrirci riducendo l'uso di agrofarmaci possiamo ricorrere alle biotecnologie agrarie: un tempo si mischiavano genomi a caso, ora possiamo cambiare poche lettere del DNA e rendere la pianta resistente a parassiti riducendo irrorazioni di antiparassitari ed erbicidi. Invece delle trenta irrorazioni, le mele potrebbero resistere autonomamente».[15]

Qui ci sono due cose che l'articolo non dice. La prima è che, secondo i risultati di una ricerca condotta dalla Stanford University in California e pubblicata su «Nature Methods», sono state osservate un certo numero di mutazioni inattese in topi sottoposti al *gene editing*.[16] È vero che poi il lavoro è stato ritirato (contro il parere di quattro dei sei autori, cosa molto strana), ma a luglio del 2018 ne è uscito un altro su «Nature Biotechnology», il quale indica che il metodo causa alterazioni cromosomiche che possono avere conseguenze patologiche.[17] Insomma, cominciano a sorgere dubbi sul fatto che la tecnica sia «ragionevolmente specifica». La seconda cosa, sulla quale torneremo tra poco, è che la maggior parte dei caratteri importanti non sono controllati da «poche lettere del DNA», ma sono molto più complessi.

Il miglioramento genetico, però, sembra ignorare tutto ciò. Infatti, in una pubblicazione scientifica molto recente, leggiamo testualmente: «La tecnologia del DNA ricombinante ha iniziato una nuova era di cambiamenti genetici mirati o di miglioramento genetico di precisione, consentendo un approccio molto più specifico alla manipolazione dei caratteri. Più di recente, gli sviluppi nel *gene editing* forniscono un controllo ancora maggiore, consentendo cambiamenti genetici in posizioni esatte».[18] L'articolo ignora tutto quello che era stato pubblicato in precedenza. Che il problema della precisione esista lo dimostra infatti una pubblicazione del 2019, che dice: «Ci si chiede ancora quanto preciso sia questo strumento per quanto riguarda il problema dell'*off-targeting*, cioè di modifiche non intenzionali indotte da CRISPR-Cas9 in campo vegetale».[19] La stessa pubblicazione aggiunge che, «anche se vi sono molte prove che suggeriscono la precisione di CRISPR-Cas9, c'è bisogno di molta più ricerca per capire se le modifiche cromosomiche non intenzionali indotte da CRISPR-Cas9 siano un fenomeno comune nelle piante».

«Procedere con cautela» ammonisce un recente editoriale di «The Lancet».[20]

Infine, molto recentemente, e a seguito della presunta nascita di gemelli ottenuti con il *gene editing* annunciata dal ricercatore cinese He Jiankui,[21] peraltro senza pubblicazioni in merito, Paul Knoepfler dell'Università di Davis in California ha chiarito in un articolo che il termine *gene editing* deve essere utilizzato solo per descrivere alterazioni intenzionali e precise nella sequenza del DNA.[22] Al contrario, cambiamenti incontrollati a seguito dell'introduzione di CRISPR-Cas9 dovrebbero essere definiti come mutazioni random.

Ma, sulla base di quello che abbiamo detto prima, anche se la tecnica assicurasse la massima precisione, e non avesse conseguenze impreviste (o imprevedibili) e negative, rimarrebbero due problemi principali. Il primo è che, per i caratteri controllati da un solo gene – come resistenze a malattie, insetti ed erbe infestanti –, si creerebbero degli organismi che, pur non essendo tecnicamente degli OGM, ne conserverebbero tutti i difetti. Per il teorema fondamentale della selezione naturale, infatti, le resistenze conferite da singoli geni (quindi anche quelli usati dal miglioramento genetico non molecolare nelle varietà convenzionali) sono destinate a soccombere di fronte alla capacità di evolversi propria di quegli organismi (funghi, insetti ed erbe infestanti) che intendono controllare. Il secondo problema è collegato a ciò che la stessa genetica molecolare ha confermato, e cioè che i caratteri importanti dal punto di vista economico sono tutti controllati da molti geni (per questo si dicono caratteri quantitativi), situati in punti diversi del nostro genoma – il complesso dei geni presenti sui cromosomi di un organismo –, cioè su cromosomi diversi. Questo è stato ampiamente confermato da ricerche biotecnologiche.

Un esempio per tutti: il controllo genetico di tre resistenze importanti nell'orzo è complesso e legato a fattori genetici che sono localizzati su tutti i cromosomi (un QTL è una regione di DNA associata a un particolare carattere quantitativo). Potremmo portare decine e decine di esempi simili per colture e per caratteri diversi. Quindi, anche ammesso che la tecnica di *gene editing* sia molto precisa, dove dovremmo andare a tagliare?

Note

[1] Per maggiori dettagli consultare anche https://terraevita.edagricole.it/economia-e-politica-agricola/nbt/.

[2] Herrera-Estrella L., Depicker A., Van Montagu M., Schell J., *Expression of Chimaeric Genes Transferred into Plant Cells Using a Ti-Plasmid-Derived Vector*, «Nature», 1983, 303: 209-213.

[3] *Plant Biotechnology: Tarnished Promise*, «Nature», 2013, 497(7447): 21.

[4] Gurian-Sherman D., *Failure to Yield. Evaluating the Performance of Genetically Engineered Crops*, UCS Publications, Cambridge 2009, p. 44; Xu Z., Hennessy D.A., Sardana K., Moschini G., *The Realized Yield Effect of Genetically Engineered Crops: U.S. Maize and Soybean*, «Crop Science», 2013, 53(3): 735.

[5] Fisher M., *Many Little Hammers: Fighting Weed Resistance with Diversified Management*, «CSA News», 2012, 4-10.

[6] Gassmann A.J., Petzhold-Maxwell J.L., Keweshan R.S., Dunbar M.W. *et al.*, *Field-Evolved Resistance to Bt Maize by Western Corn Rootworm*, «PLoS One», 2011, 6(7): e22629.

[7] Lu Y., Wu K., Jiang Y., Xia B. *et al.*, *Mirid Bug Outbreaks in Multiple Crops Correlated with Wide-Scale Adoption of Bt Cotton in China*, «Science», 2010, 328(5982): 1151-1154.

[8] Shaw R.G., Shaw F.H., *Quantitative Genetic Study of the Adaptive Process*, «Heredity», 2014, 112: 13-20.

[9] Fisher M., *Many Little Hammers*, cit.

[10] Stern V.M., Reynolds H.T., *Resistance of the Spotted Alfalfa Aphid to Certain Organophosphorus Insecticides in Southern California*, «Journal of Economic Entomology», 1958, 51(3): 312-316; Teetes G.L., Schaefer C.A., Gipson J.R., McIntyre R.C. *et al.*, *Greenbug Resistance to Or-*

ganophosphorus Insecticides on the Texas High Plains, «Journal of Economic Entomology», 1975, 68(2): 214-216.

[11] McDonald B.A., Stukenbrock E.H., *Rapid Emergence of Pathogens in Agro-Ecosystems: Global Threats to Agricultural Sustainability and Food Security*, «Philosophical Transactions of the Royal Society of London», 2016, 371(1709): 20160026.

[12] CDC, *Antibiotic Resistance Threats in the United States, 2013*, 2013.

[13] Reardon S., *Antibiotic Resistance Sweeping Developing World*, «Nature», 2014, 509(7499): 141-142.

[14] Pellegrino E., Bedini S., Nuti M., Ercoli L., *Impact of Genetically Engineered Maize on Agronomic, Environmental and Toxicological Traits*, cit., p. 8.

[15] http://www.cattaneoinsenato.it/il-biologico-si-fa-bene-ma-solo-a-chi-lo-produce-da-d-di-repubblica-21-luglio-2018/.

[16] Schaefer K.A., Wu W.H., Colgan D.F., Tsang S.H. *et al.*, *Unexpected Mutations After CRISPR-Cas9 Editing in Vivo*, «Nature Methods», 2017, 14(6): 547-548.

[17] Kosicki M., Tomberg K., Bradley A., *Repair of Double-Strand Breaks Induced by CRISPR-Cas9 Leads to Large Deletions and Complex Rearrangements*, «Nature Biotechnology», 2018, 36(8): 765-771.

[18] Eriksson D., *The Evolving EU Regulatory Framework for Precision Breeding*, «Theoretical and Applied Genetics», 2019, 132(3): 569-573.

[19] Hahn F., Nekrasov V., *CRISPR/Cas Precision: Do We Need to Worry About off-Targeting in Plants?*, «Plant Cell Reports», 2019, 38(4): 437-441.

[20] *Genome Editing: Proceed with Caution*, «The Lancet», 2018, 392(10144): 253.

[21] Cyranoski D., Ledford H., *Genome-Edited Baby Claim Provokes International Outcry*, «Nature», 2018, 563(7733): 607-608.

[22] Knoepfler P., *Gene Editing: Sloppy Definitions Mislead*, «Nature», 2018, 564(7736): 345.

12

Correre verso la pubblicazione o verso la verità

Tutti quelli che fanno il nostro lavoro prima o poi incontrano nella loro vita delle figure, di solito ricercatori, che diventano i loro modelli o, come si usa dire, i loro eroi. Uno dei nostri eroi, in questo caso eroina, è una ricercatrice americana, Barbara McClintock, della quale Evelyn Fox Keller ha scritto una biografia dal titolo *A Feeling for the Organism: The Life and Work of Barbara McClintock*, pubblicata per la prima volta nel 1983 da W.H. Freeman and Co. È la storia di una donna straordinaria, ma soprattutto un esempio di ricercatrice integerrima, che ha dedicato la sua intera vita alla scienza.

Barbara McClintock nacque il 16 giugno 1902 a Hartford, nello stato del Connecticut, e morì il 2 settembre 1992 a Huntington, nello stato di New York. Mentre scriviamo non ricorre alcun anniversario riguardante la vita di Barbara McClintock, ma ci sembra giunta l'ora di farla conoscere meglio, soprattutto in un momento in cui, anche nella scienza, tutto sembra muoversi spesso con troppa fretta.

La storia di Barbara McClintock, sebbene risalga al secolo scorso, è di un'attualità sconcertante: spazia dalla discriminazione nei confronti delle donne, ancora oggi diffusissima anche nel mondo scientifico,[1] ma non solo nei confronti delle donne – una frase famosa della McClintock, pronunciata in occasione di un prestigioso riconoscimento e che riportiamo più avanti, è di una freschezza sorprendente –, all'integrità scientifica e all'interpretazione della ricerca come verità piuttosto che in funzione della corsa alla pubblicazione. Come vedrete, aspettò sei anni prima di parlare della sua scoperta più importante.

Il titolo della sua biografia, *A Feeling for the Organism*, in italiano si potrebbe tradurre come «Diventare un tutt'uno con l'organismo che si studia»: l'organismo, nel caso di Barbara McClintock, era il granturco.

La nascita della McClintock coincise quasi con quella della genetica. Le leggi di Mendel vennero riscoperte solo due anni prima della nascita della ricercatrice. Anche la parola «gene» cominciò a essere accettata solo nel 1906.

Una nuova idea scientifica nasce, a volte in modo improvviso e inaspettato, nel segreto della mente di un ricercatore. Tuttavia, affinché quest'idea diventi parte della disciplina, deve essere riconosciuta dalla società scientifica cui quel ricercatore appartiene. Questo rapporto tra la creatività individuale e la sua convalida da parte della comunità può diventare molto complesso, al punto che, come nel caso di Barbara McClintock, a volte porta per lungo tempo al completo isolamento. È un problema complesso e ancora molto attuale, nonostante i fatti che riguardano Barbara McClintock, i suoi esperimenti e le sue scoperte risalgano a quasi un secolo fa.

La reazione del mondo scientifico all'innovazione si può spiegare con una citazione dal *Principe* di Machiavelli: «E si deve considerare come non ci sia compito più difficile da svolgere, né più incerto nell'esito, né più pericoloso da gestire, che farsi introduttore di nuovi ordinamenti. Perché l'innovatore ha per nemici tutti coloro che hanno vantaggio dalle vecchie leggi e ha difensori poco convinti tra coloro che trarrebbero vantaggio dalle nuove leggi. La loro poca convinzione deriva, sia dalla paura per gli avversari che hanno le leggi dalla loro parte, sia dallo scetticismo degli uomini, i quali non credono nelle cose nuove, se prima non vedono che se ne è fatta una sicura esperienza».[2] Infatti alcune innovazioni vengono prontamente accettate, diventando quasi «di moda», mentre altre vengono aspramente rifiutate.

La persona e la studentessa

Barbara McClintock visse una vita solitaria, fisicamente, emotivamente e intellettualmente. Appena nata fu chiamata Eleonora, ma quando i genitori si accorsero che, da neonata, se ne stava tranquilla su un cuscino con un giocattolo senza piangere né attirare l'attenzione di nessuno, decisero di chiamarla Barbara, nome che secondo loro rendeva meglio giustizia alla forza d'animo della piccola. In realtà Barbara significa «straniera» e forse fu scelto perché la piccola era diversa, come si pensava, e spesso ancora ai giorni nostri si pensa, degli stranieri.

Si dice anche che la nascita di Eleonora-Barbara, terza di quattro figli dopo altre due femmine, sia stata una delusione per i genitori, che aspettavano un maschio, per il quale avevano già deciso il nome di Beniamino. Dopo la nascita del quarto figlio, finalmente maschio, Barbara fu mandata a vivere dagli zii, perché la madre «non ce la faceva» con quattro figli.

Barbara McClintock crebbe da bambina solitaria e indipendente che amava molto leggere e sedere da sola pensando a «cose sue», abitudine che preoccupava non poco la madre. Il fatto poi che prediligesse attività considerate «da maschi», e avesse solo amici e non amiche, non fece che aumentare l'impressione di «diversità». Più tardi, la passione per sport come il football e il baseball lasciò il posto a quella per la conoscenza, quando al liceo Erasmus scoprì la scienza. A questo proposito, lei stessa affermò: «Mia madre aveva paura che potessi perfino diventare professore universitario». Tuttavia, nonostante i genitori non fossero particolarmente favorevoli all'interesse di Barbara per la scienza, alla fine prevalse in loro il rispetto per l'autodeterminazione della figlia.

Nel 1919 si iscrisse alla Cornell University (a Ithaca, nello stato di New York), dove si laureò nel 1923. A quei tempi la Cornell era uno dei pochi atenei americani ad aver aperto le porte alle donne.

Durante gli studi, a differenza di quando era bambina, Barbara aveva una vita sociale piena, costellata di numerosi appuntamenti galanti, anche se ebbe sempre ben presente che quei rapporti non avrebbero potuto avere alcun seguito: «Non sentivo la necessità di un attaccamento personale, così come non ho mai capito e ancora non capisco il matrimonio». Seguì tutti i corsi che le sembravano interessanti, per poi abbandonarne parecchi a metà strada, non appena la deludevano, collezionando così molte «Z» (il voto più basso). Un argomento che la interessò tantissimo fu la genetica, al punto che il professore la invitò a seguire il corso di dottorato in questa materia. Tuttavia, dovette aspettare un anno e mezzo prima di poterlo fare, dovendo annullare tutte le «Z» che aveva preso. A quel punto, dice Barbara McClintock, «sapevo esattamente che dovevo continuare l'università». Dove e come fu tuttavia un problema, perché il dipartimento di Miglioramento genetico, dove veniva insegnata genetica, non accettava donne. La soluzione fu di iscriversi al dipartimento di Botanica con citologia come soggetto principale e genetica e zoologia come argomenti minori.

La scienziata

Prima di continuare con la storia di Barbara McClintock bisogna ricordare che gli esseri viventi superiori (noi, le piante e gli animali) possiedono all'interno delle loro cellule, e più precisamente nel nucleo, i cromosomi (vi abbiamo accennato a proposito delle nuove biotecnologie).

Il termine «cromosoma» deriva dalla combinazione del greco *chroma*, che significa «colore», e *soma*, che significa «corpo», perché sono dei corpi all'interno della cellula che possono essere artificialmente colorati e quindi resi visibili. Contengono i geni che determinano i caratteri ereditari. Il numero di cromosomi è caratteristico di ogni specie ed è lo stesso in tutti gli individui della stessa specie. Così noi esseri umani possediamo quarantasei cromosomi, l'orzo quattordici, il granturco venti, il frumento duro ventotto, il frumento tenero e lo spelta quarantadue e così via. Ciascun cromosoma è presente in coppia, quindi si può anche dire che noi possediamo ventitré coppie di cromosomi, l'orzo sette, il granturco dieci, il frumento duro quattordici e il frumento tenero ventuno. I due cromosomi di ciascuna coppia si separano l'uno dall'altro al momento della formazione, nel caso degli animali, degli spermatozoi e delle uova. Questi ultimi quindi, nel caso dell'uomo, contengono ventitré cromosomi. Nel caso delle piante questo avviene al momento della formazione del polline e della cellula uovo.

Al momento della fecondazione il numero di cromosomi torna a essere quello tipico della specie e i figli ricevono un membro di ogni coppia di cromosomi, con i rispettivi geni, dal padre e uno dalla madre. Questo significa che anche i geni sono presenti in coppie, e sono chiamati alleli: così, per esempio, noi abbiamo una coppia di alleli, uno su ogni cromosoma, del gene per il colore degli occhi e così per tutti gli altri caratteri. Lo stesso avviene nelle piante e negli altri animali. Il carattere che si esprime, cioè quello che noi vediamo, dipende dalle relazioni tra i due alleli dello stesso gene. Per esempio, nel caso del colore degli occhi, una persona con gli occhi scuri può avere o entrambi gli alleli per gli occhi scuri, oppure uno per gli occhi scuri e uno per gli occhi chiari, perché l'allele per gli occhi scuri maschera, prevale, o più esattamente «domina» su quello per gli occhi chiari, che è detto «recessivo». Questo significa che una persona con gli occhi azzurri ha necessariamente due alleli per gli occhi azzurri, e quindi quello che vediamo corrisponde esattamente ai geni che la persona possiede. Per quanto detto prima, un individuo con gli occhi azzurri può avere entrambi i genitori con gli occhi azzurri, oppure uno con gli occhi azzurri e l'altro con gli occhi scuri, ma con un allele per gli occhi azzurri e uno per gli occhi scuri, o addirittura tutti e due i genitori con gli occhi scuri, entrambi con un allele per gli occhi azzurri e uno per gli occhi scuri.

Già durante il suo corso di laurea Barbara McClintock cominciò a fare cose mirabili, la prima delle quali fu distinguere le une dalle altre tutte e dieci le coppie di cromosomi del granturco: fino a quel momento i cromosomi del granturco erano soltanto cromosomi, come se l'insieme dei figli di una famiglia non avesse un'identità individuale. Questa scoperta fu importante. A metà degli anni Venti già si sapeva che i geni si trovano sui cromosomi. I due organismi più usati al tempo per gli studi di genetica erano la drosofila (il moscerino della frutta, impiegato perché ha solo quattro coppie di cromosomi, si riproduce in trenta giorni e depone molte uova) e il granturco: mentre nel caso della drosofila i cromosomi erano già stati identificati, la McClintock fu la prima a fare lo stesso con il granturco.

L'immagine di questa scienziata che emerge dai commenti di famosi genetisti del granturco che lavoravano alla Cornell in quel periodo, tra cui anche qualche premio Nobel, come George Beadle, è quella di una persona «diversa e non sempre facile» e di una ricercatrice «fantastica», «spettacolare», «geniale». Dal 1929 al 1931 la McClintock pubblicò nove lavori scientifici sulla morfologia dei cromosomi del granturco, ciascuno dei quali rappresentò un contributo importante all'argomento.

Per Barbara McClintock il futuro era chiaro: fare quello che desiderava senza pensare troppo alla carriera, anche perché, a quei tempi, la carriera scientifica non era aperta alle donne, le quali potevano al massimo aspirare a diventare assistenti e occasionalmente istruttrici, oppure mogli di scienziati alle quali era concesso lavorare nel laboratorio del marito. Tuttavia, pur non pensando a una carriera, non accettava i ruoli che i tempi assegnavano alle donne nel mondo scientifico.

In questo periodo Harriet Creighton, ventenne, arrivò al dipartimento di Botanica della Cornell, e nel giro di due anni diventò nota a livello internazionale come coautrice, insieme a Barbara McClintock, di un lavoro scientifico che dimostrava in modo definitivo l'esistenza delle basi cromosomiche della genetica. È interessante il fatto che la McClintock non solo organizzò il corso di dottorato di Harriet, ma, nella primavera del 1930, le suggerì di verificare, usando la conoscenza profonda dei cromosomi del granturco che possedeva, che il fatto che una pianta combini i caratteri di entrambi i genitori fosse dovuto a uno scambio fisico di parti tra i due cromosomi della stessa coppia, un fenomeno noto come *crossing-over* (anche in italiano si usa il termine inglese).

Harriet, in un'intervista rilasciata anni dopo, descrisse la generosità di Barbara McClintock nell'affidare a una novizia come lei un problema scientifico di tale importanza come parte di una tradizione per cui un ricercatore dava a un nuovo studente «il migliore e più importante problema scientifico che avesse per le mani».

Il lavoro pubblicato nell'agosto del 1931 rappresentò una delle maggiori scoperte della genetica, e per Harriet il punto più alto della sua carriera scientifica. Due anni dopo lasciò la Cornell per dedicarsi all'insegnamento, mentre Barbara era solo all'inizio di una carriera tanto straordinaria quanto tormentata.

Al sesto congresso internazionale di genetica svoltosi a Ithaca nel 1932, il lavoro della McClintock ricevette il dovuto riconoscimento. Un genetista scozzese, incontrando per caso i genitori di Barbara dopo aver partecipato al congresso, li informò del grande successo scientifico della figlia: in un istante, anni di preoccupazioni e di disapprovazioni per le strane scelte della figlia lasciarono il posto all'orgoglio di genitori.

Anni difficili

Un anno prima di quel congresso, Barbara aveva già deciso che era arrivato il momento di lasciare la Cornell: lì non c'erano prospettive di lavoro per lei. Si deve aspettare fino al 1947 perché la prima donna venga assunta finalmente alla Cornell come assistente in una disciplina diversa dall'Economia.

Ottenne una borsa di studio di due anni e cominciò a interessarsi agli effetti mutageni dei raggi X. Le radiazioni provocavano numerosi cambiamenti nella struttura dei cromosomi e si rivelarono un modo nuovo e rapido per sapere quali geni si trovassero su quali cromosomi. In questo periodo, camminando per i campi, Barbara cominciò a osservare la presenza di piante variegate, in parte con il carattere dominante e in parte con quello recessivo. Questo fenomeno venne attribuito a un cromosoma associato a un piccolo frammento genetico (questa terminologia è dovuta al fatto che il DNA sarebbe stato identificato come materiale genetico soltanto nel 1953, oltre vent'anni dopo), che andava perduto.

La sua capacità di osservazione si era sviluppata soprattutto al microscopio ed era tale da far dire a un altro famoso genetista, Marcus Rhoades: «Sono sorpreso di quante cose riesci a vedere quando osservi una cellula al microscopio». «Sai» fu la risposta di Barbara, «quando osservo una cellula, in realtà ci entro dentro e mi guardo intorno.»

Tuttavia questo periodo non fu dei migliori dal punto di vista scientifico: avendo ricevuto una borsa di studio per andare in Germania, aveva pensato di utilizzarla per trascorrere un periodo nel laboratorio di Curt Stern, un noto genetista, il quale però era già fuggito dalla Germania nazista. Andò invece nel laboratorio del controverso, anche se famoso, genetista Richard Goldschmidt, il quale, sebbene di origini ebree, si sentiva protetto dalla propria fama. Era comunque un momento triste per lavorare in Germania e per Barbara McClintock fu un'esperienza traumatica che influenzò anche la sua produzione scientifica: fu lei la prima a riconoscere che un suo lavoro del 1933 era stato scritto male e per questo non aveva avuto l'impatto atteso.

Tornata dalla Germania, il suo pessimo stato d'animo era evidente, per di più aggravato dal clima post grande depressione economica del 1929. In questo momento ci troviamo di fronte a una ricercatrice famosa in tutto il mondo, ma senza mezzi di sostentamento dopo che i due anni di borsa di studio erano terminati. Alcuni dei grandi nomi della genetica del tempo si mobilitarono, pensando che «sarebbe stata una tragedia scientifica se il suo lavoro si fosse interrotto», e ottennero un finanziamento di un anno per una cifra tra i 1800 e i 2000 dollari dalla Fondazione Rockefeller. L'allora direttore della divisione di Scienze naturali della Fondazione, il famoso genetista Thomas Morgan, sostenne in un'intervista che un tale investimento «avrebbe rappresentato il più alto contributo all'intera scienza della genetica. Lei [Barbara McClintock] è altamente specializzata nella citologia ed è sicuramente la migliore al mondo in questo campo». Morgan parlò anche delle «difficoltà personali di Barbara McClintock», sostenendo che «lei ce l'ha con il mondo perché è convinta che avrebbe avuto migliori opportunità scientifiche se fosse stata un uomo». Il finanziamento in seguito fu esteso per un altro anno, con la condizione che non sarebbe stato prolungato ulteriormente. Le differenze tra le sue prospettive di lavoro e quelle dei suoi colleghi maschi continuavano a essere evidenti.

A questo punto la sua biografia dà una descrizione fisica di Barbara McClintock, molto probabilmente un retaggio della sua infanzia e adolescenza. Piccola, magra, una figura mascolina, con un taglio di capelli arruffato, da ragazzo. Non faceva del genere un problema, ma tendeva piuttosto a superarlo. Molti anni dopo, ormai professore, a uno studente che continuava a ripeterle che non poteva sopportare i professori donna disse: «Ti rendi conto con chi stai parlando?».

In questo periodo si accorse che nella vita reale di tutti i giorni vi erano un'infinità di modi in cui il problema del genere riaffiorava: nonostante i suoi sforzi, non riusciva a superare il fatto di essere una donna in una professione per uomini. Malgrado la sua autosufficienza scientifica, aveva sempre bisogno di un lavoro, e i lavori per donne erano pochi. Barbara inoltre non accettava il ruolo ristretto concesso alle donne ricercatrici, tantomeno quello convenzionale della donna come moglie e casalinga. Nonostante i riconoscimenti ricevuti, continuava a provare risentimento per le differenze tra le sue prospettive di lavoro e quelle dei suoi colleghi uomini. Era questo a renderla una collega «difficile»: nei due anni successivi, continuò a lavorare con il supporto della Fondazione Rockefeller, ma di malumore. Nel 1935 pubblicò soltanto due lavori scientifici e nel 1936 non ne pubblicò alcuno.

Il momento storico

Non si può apprezzare fino in fondo lo straordinario contributo scientifico di Barbara McClintock senza ricordare le relazioni che esistevano ai suoi tempi tra le tre scienze che si occupavano rispettivamente di eredità, sviluppo ed evoluzione e che, appunto in quel periodo, cominciarono a cambiare in maniera radicale.

Prima della nascita della teoria cromosomica, eredità e sviluppo erano una sola scienza, ma con quella scoperta cominciarono a divergere. Da una parte, l'interesse dei genetisti si concentrava sempre più sulla natura dei geni e sui meccanismi con cui si trasmettevano di generazione in generazione, mentre dall'altra quello dei biologi dello sviluppo si concentrava sull'organizzazione dell'organismo e appunto sui fenomeni che accompagnavano lo sviluppo dalla cellula uovo fino all'organismo maturo. Per questi ultimi, non era affatto scontato che i geni fossero coinvolti nei processi dello sviluppo. Questo valeva soprattutto per l'embriologia, una scienza tipicamente qualitativa, che contrastava con la genetica, una scienza tipicamente quantitativa. A causa di questo atteggiamento, Barbara McClintock disse dei genetisti di allora che «sono talmente interessati a tradurre tutto in numeri che non riescono nemmeno a vedere quello che sta lì per essere visto!». Lei cercava di «guardare una cariosside di granturco che era diversa dalle altre e capire il perché», mentre i suoi colleghi, nel loro entusiasmo per i numeri, finivano per non vedere quella singola cariosside diversa dalle altre.

Quello che abbiamo detto sopra a proposito dei rapporti tra genetica e sviluppo accadde anche per i rapporti tra genetica ed evoluzione. Per i primi genetisti, la teoria della selezione naturale sembrava del tutto inadeguata a spiegare i cambiamenti evolutivi, e la controversia riguardava sia le piccole mutazioni sia l'origine di nuove specie. Con il rifiuto definitivo dell'eredità dei caratteri acquisiti per effetto dell'ambiente, genetica ed evoluzione si riconciliarono, con il risultato che il ruolo della genetica crebbe enormemente.

Una delle differenze tra Barbara McClintock e la maggior parte dei suoi colleghi di quel tempo era il suo interesse per l'embriologia. Infatti la sua attenzione per i precisi processi meccanici della citogenetica non le fece mai perdere di vista l'intero organismo (di qui il titolo della sua biografia). In questo era abbastanza vicina alle posizioni di Richard Goldschmidt, il quale nel 1936 era arrivato in America e si era subito distinto per la sua opposizione alla genetica. In occasione della scoperta del cosiddetto «effetto di posizione», un fenomeno per cui l'espressione del gene che conferiva una particolare forma all'occhio della drosofila cambiava a seconda della sua posizione sul cromosoma, disse: «La teoria del gene è morta!». Goldschmidt proponeva una teoria più globale e dinamica, per cui bisognava guardare al cromosoma come agente dei cambiamenti genetici anziché ai singoli geni, e in questo vedeva la soluzione ai problemi dello sviluppo. Le idee di Goldschmidt ebbero una fredda accoglienza: nel migliore dei casi vennero definite «filosofiche», nel peggiore semplicemente «sbagliate».

Nemmeno Barbara McClintock seguiva l'ortodossia dei tempi, ma lo faceva in modo diverso da Goldschmidt. Lei era una fervente sostenitrice della genetica classica, cui aveva dato un contributo fondamentale scoprendone le basi cromosomiche, e soprattutto aveva una dedizione assoluta al rigore scientifico: i suoi lavori venivano usati nei corsi universitari come esempi di chiarezza e, appunto, di rigore scientifico.

Un'altra caratteristica di Barbara McClintock era che, nonostante la sua quasi maniacale attenzione al più minuscolo dettaglio, ciò a cui di fatto mirava era la comprensione dell'intero organismo. Questa attitudine non era riconducibile ad alcuna influenza intellettuale esterna, ma era piuttosto espressione di una straordinaria forza interiore. Un altro aspetto tipico del suo stile di lavoro era che, come aveva fatto da giovane studentessa, continuò sempre a svolgere da sola anche le attività più faticose e di routine. Normalmente tutti (o quasi tutti) i ricercatori lo fanno all'inizio della carriera, ma poi, da scienziati maturi, cominciano a delegare sempre di più. Lei invece no, perché era questo contatto continuo con l'organismo che studiava a renderla capace di comprendere. La sua conoscenza di ogni singola pianta del suo campo sperimentale era tale che fece dire a un collega: «Tu saresti capace di scrivere la biografia di ognuna delle tue piante». A leggere queste cose sembra si parli più di un contadino, di una volta, che di una scienziata.

Alla vigilia di Pearl Harbor, Barbara McClintock si trovò di nuovo senza lavoro, finché non le offrirono un posto al Cold Spring Harbor Laboratory a New York, che, dopo molti dubbi, accettò «senza sapere se veramente volessi un lavoro!», come disse lei stessa.

In quel periodo, cioè intorno ai primi anni Quaranta, in diversi laboratori, compreso quello in cui lavorava Barbara McClintock, si stavano facendo una serie di scoperte nel campo della genetica, la cui portata fu tale da far risalire a quegli anni la nascita della genetica molecolare. La più importante fu fatta a circa 70 chilometri dal laboratorio della McClintock, all'Istituto Rockefeller, dove tre ricercatori scoprirono che il DNA è il materiale ereditario.

Nel frattempo gli studi di Barbara sulle anomalie genetiche del granturco andavano a gonfie vele, ma, nonostante questo, il posto in cui lavorava le causava un senso di claustrofobia: sentiva il bisogno di una pausa, che si materializzò con una visita a Stanford nell'ottobre del 1944. Nella primavera di quello stesso anno era stata nominata membro dell'Accademia nazionale delle scienze, terza donna a ricevere questo onore. Rispose così a una delle tante lettere di congratulazioni: «Debbo riconoscere di essere rimasta stupita: ebrei, donne e negri sono abituati alla discriminazione e non si aspettano molto. Non sono una femminista, ma mi sento sempre gratificata quando barriere che non hanno senso vengono superate, per ebrei, donne e negri. Ciò è di aiuto a tutti». Questa è la frase attualissima di cui parlavamo all'inizio del capitolo.

Durante il breve periodo trascorso a Stanford, la McClintock dette di nuovo prova della sua straordinaria abilità al microscopio con i cromosomi di un fungo molto piccolo, la *Neurospora crassa*, un altro organismo il cui studio ha molto contribuito alla genetica: a detta di George Beadle, che l'aveva invitata, in due mesi Barbara contribuì alla citologia della *Neurospora* più di tutti gli altri citologi messi insieme negli anni precedenti per tutti i tipi di funghi. Raccontando questa particolare esperienza, la scienziata parla di come ci si affezioni a un determinato lavoro: «Quando si guarda a queste cose [i cromosomi], esse diventano parte di te. E tu dimentichi te stessa. La cosa più importante è proprio questa: che tu dimentichi te stessa».

Il 1944 fu indubbiamente un anno importante nella vita professionale di Barbara McClintock: la sua nomina all'Accademia nazionale delle scienze le garantiva un riconoscimento pubblico che corrispondeva a ciò che pensava di se stessa. Aveva quarantadue anni e si avvicinava al picco della sua carriera. Prima della fine del 1944 fu eletta presidente della Società americana di genetica, la prima donna a ottenere tale carica.

In inverno tornò al Cold Spring Harbor Laboratory, con uno spirito molto diverso da quello con cui era partita alcuni mesi prima, e si dedicò al lavoro che l'avrebbe condotta alla maggior scoperta della sua carriera.

LA SCOPERTA

Abbiamo già detto che una delle dimostrazioni della straordinaria abilità scientifica della McClintock era stata l'identificazione delle dieci coppie di cromosomi del granturco.

Da tempo ormai la McClintock si dedicava, come già visto, allo studio dei fenomeni anomali nella genetica del granturco, che consistevano nella comparsa di striature sulle foglie con una colorazione diversa dal normale, bianca, verde pallido o giallo chiaro. Ma, a differenza di altre mutazioni, queste sembravano instabili nel corso dello sviluppo della stessa pianta, e infatti entro queste striature ne comparivano delle altre, a volte anche macchie di colore diverso, per esempio macchie giallo chiaro in una striatura verde pallido. In queste piante, tali geni mutabili sembravano essere ovunque. Le dimensioni delle macchie dipendevano da quando era avvenuta la mutazione: se si verificava molto presto nel corso dello sviluppo della pianta, la cellula mutata si riproduceva molte volte, provocando macchie grandi. Viceversa, se era avvenuta molto tardi nel corso dello sviluppo, le macchie erano piccole.

Controllando le piante una a una, la McClintock si accorse che ognuna aveva una sua tipica frequenza di mutazione: quelle in cui le mutazioni avvenivano presto, provocando macchie grandi, continuavano a comportarsi così durante tutto il loro sviluppo, quindi queste mutazioni non si verificavano a casaccio nel corso dello sviluppo di una pianta. Questa regolarità fece pensare a Barbara che ci dovesse essere qualcosa che controllava la frequenza di mutazione.

Parlare di regolazione e controllo nel mondo della genetica negli anni Quaranta era quasi un'eresia, caso mai qualcosa che poteva riguardare l'embriologia, ma non certo la genetica. Però Barbara McClintock sapeva di avere per le mani qualcosa di molto importante: «Mi sembrava che, guardando all'intero organismo e a come si sviluppa, queste cose che chiamiamo geni *dovessero* essere controllate».

Quello che spesso apre la porta alle scoperte importanti è l'eccezione. E Barbara McClintock, continuando a studiare queste espressioni di instabilità genetica, alla fine trovò l'eccezione nell'eccezione, cioè dei settori di una pianta variegata che avevano una frequenza di mutazione diversa da quella delle altre mutazioni nella stessa pianta. Ebbe subito la sensazione che questa fosse la chiave per capire cosa stesse succedendo, e quindi lasciò perdere tutto il resto.

Era un particolare di questa eccezione ad averla colpita: i settori erano adiacenti, e mentre uno aveva una frequenza di mutazione più alta, quello accanto l'aveva più bassa (come detto prima, questo si vedeva dalle dimensioni delle macchie). La loro posizione, uno accanto all'altro, suggeriva che dovevano provenire da due cellule sorelle, cioè figlie della stessa cellula madre. Parlandone diceva: «Non posso togliermi dalla testa che quello che accade è che una cellula acquisisce ciò che la cellula sorella perde!».

Ci vollero due anni per capire che ciò che stava osservando era un tipo di rottura controllata (la chiamò «dissociazione») del cromosoma. «Ho la risposta, ho la risposta: c'era una componente vicino a un gene che rispondeva, dissociandosi, a un segnale che arrivava da un altro elemento.» Chiamò questo, il primo di molti altri meccanismi di controllo scoperti in seguito, sistema Ds-Ac, Ds per «dissociatore» e Ac per «attivatore», e il fenomeno «trasposizione». Questo termine fu usato pubblicamente da Barbara McClintock per la prima volta nel 1948.

La sua conoscenza dettagliata dei cromosomi del granturco, e in particolare del cromosoma numero 9, fu di grande aiuto nel capire ancora meglio cosa avveniva. Se si verificano due rotture sul cromosoma 9 del granturco, una da una parte e una dall'altra rispetto a dove si trova Ds, allora un pezzettino di cromosoma con Ds si stacca (si dissocia dal resto del cromosoma) e si può inserire in qualunque altro punto del cromosoma dove è avvenuta un'altra rottura. Quindi Ds può cambiare posizione, saltare da una all'altra (di qui il termine «geni saltatori»). Lo stesso fenomeno che Barbara McClintock aveva osservato nelle foglie si verificava anche nelle cariossidi, che presentavano a loro volta variegature di colore. Studiando piante che producevano cariossidi variegate, la McClintock notò che questo fenomeno avviene quando un piccolo pezzo del cromosoma 9 con Ds si sposta vicino al gene che determina la pigmentazione. Ds di per sé non ha alcuna funzione. Si scopre che si è spostato, sotto il controllo di Ac, solo quando un gene, quello presso il quale è saltato, perde la sua funzione. Se quest'ultima è quella di inibire la formazione del colore nella cariosside di granturco, il colore compare, e questo è il segno che fa capire che Ds si è spostato.

Con questo ulteriore esperimento, Barbara confermò che determinati geni controllano altri geni. Alcuni sono in grado di muoversi su altri cromosomi e controllare un certo numero di altri geni. Il fattore chiave di questo fenomeno è il movimento fisico del DNA e una simile scoperta, ai tempi in cui tutti erano convinti che i geni stessero lì sui cromosomi, fermi, a controllare i caratteri ereditari, si rivelò una novità enorme.

Ancora più isolata

Seguirono sei anni di intenso lavoro, durante i quali Barbara McClintock pubblicò annualmente i risultati dei suoi esperimenti nelle relazioni dell'istituto, che pochi leggevano. Chi era vicino a lei ebbe a dire: «Quello che Barbara McClintock sta scoprendo è totalmente nuovo rispetto a tutto quello che conosciamo: è come guardare nel XXI secolo».

Nell'ottobre del 1950 Barbara pubblicò un breve lavoro su «Proceedings of the National Academy of Sciences» (ancora oggi una delle riviste scientifiche più prestigiose), e nell'estate successiva presentò i risultati delle sue ricerche al simposio di Cold Spring Harbor, che quell'anno era dedicato a geni e mutazioni. La sua presentazione fu accolta da un gelido silenzio: con una o due eccezioni, nessuno capì di cosa stesse parlando. Ci furono borbottii, risatine e perfino qualche aperta protesta. Era impossibile capire. Cosa mai stava cercando di dimostrare quella donna? Ricordate che «quella donna» era, scientificamente parlando, un monumento nazionale. Eppure, per qualche ragione, aveva fallito. Aveva svelato la sua creazione, un modello *frutto di sei anni di lavoro* (oggi ci sono ricercatori che pubblicano sei o più lavori all'anno), con risultati verificati minuziosamente, e i suoi colleghi le avevano voltato le spalle. Provò ancora, con seminari, aggiungendo dati non inclusi nella sua presentazione al simposio del 1951 e che pubblicò su «Genetics», un'altra rivista prestigiosa. Cinque anni dopo, nel 1956, fece un'altra presentazione al simposio di Cold Spring Harbor con risultati, se possibile, peggiori di quelli del 1951.

Barbara McClintock non era assolutamente preparata a tutto ciò: nonostante le sue difficoltà istituzionali e relazionali, era abituata al successo scientifico. Dopotutto, nel 1951 era una delle scienziate più rinomate nel suo campo, e scienziati di tale statura non si aspettano che il proprio lavoro venga respinto. Il simposio del 1951 le fece lo stesso effetto di un knock-out nel pugilato. Fu una tale sorpresa realizzare di non essere stata capace di comunicare, essere stata ridicolizzata, sentirsi dire che era matta. Non tutti i suoi colleghi furono così sprezzanti. Alcuni genetisti del granturco apprezzarono quello che stava facendo, ma il supporto di pochi amici e colleghi non riuscì a compensare l'amarezza di essere stata rifiutata dalla maggioranza dei ricercatori del tempo. Fino ad allora era stata isolata fisicamente, avendo sempre lavorato da sola, ma con un crescente supporto professionale. Dopo il 1951 l'isolamento coinvolse la sua vita intellettuale e lavorativa: il risultato fu che non parlò più dei trasposoni e, fatta eccezione per le relazioni annuali di Cold Spring Harbor, smise di pubblicare.

Si ritirò nel suo lavoro con la convinzione di essere nel giusto, lasciando il suo laboratorio aperto, e continuando a parlare del suo lavoro con molta pazienza a chi, come Lotte Auerbach, una genetista animale di Edimburgo, voleva ascoltare. Lotte rimase enormemente impressionata, ma a qualcun altro andò molto male. Si dice che Barbara McClintock cacciò dal laboratorio dopo solo mezz'ora Joshua Lederberg (che avrebbe vinto il Nobel di lì a poco, nel 1958, a soli trentatré anni) per la sua arroganza. Lederberg avrebbe commentato così il suo incontro tumultuoso con Barbara: «Mio Dio, questa donna o è pazza o è un genio», e si dice che propendesse per la prima ipotesi.

I dieci anni dal 1950 al 1960 furono quelli della rivoluzione molecolare in genetica e Cold Spring Harbor rappresentava un ottimo osservatorio dal quale seguire quello che stava succedendo, essendo un punto d'incontro internazionale per i biologi molecolari. Barbara McClintock ascoltava e osservava, ma manteneva una distanza critica. Anche se le nuove scoperte assegnavano al DNA il ruolo di materiale genetico e avevano portato al «dogma centrale» per cui l'informazione genetica passava dal gene alle proteine in modo unidirezionale, per lei questo non spiegava i processi che avvenivano durante lo sviluppo. Nel frattempo continuava a scoprire nuovi sistemi di regolazione e controllo.

Nel 1960 due ricercatori francesi, Jacques Monod e François Jacob, pubblicarono un modello molecolare di regolazione nei batteri secondo il quale il gene che codificava per la proteina[3] era regolato da altri due geni, un operatore che stava vicino al primo e un regolatore che poteva stare altrove sul cromosoma. Chiamarono l'intero sistema – il gene, l'operatore e il regolatore – operone.

I risultati vennero prima pubblicati in francese e poi in inglese. Quando Barbara McClintock lesse il primo lavoro di Monod e Jacob fu straordinariamente felice: vi ritrovò la descrizione di un sistema di regolazione dell'attività dei geni scoperto nei batteri molto simile a ciò che lei aveva osservato nel granturco. Dopo un decennio di frustrazioni, finalmente una bella notizia. Mandò subito un articolo alla rivista «The American Naturalist», nel quale diceva fondamentalmente che c'era da aspettarsi che meccanismi di controllo dei geni siano presenti in tutti gli organismi. La complessità degli organismi superiori (tra cui le piante e quindi il granturco) spiegherebbe la maggiore difficoltà di identificarli. Dopo anni di silenzio, nel 1960 tenne un nuovo seminario a Cold Spring Harbor sulle somiglianze tra la sua scoperta, fatta anni prima, e quella dei due scienziati francesi. Il seminario suscitò molto interesse, ma per il lavoro di Monod e Jacob, mentre l'indifferenza per quello della McClintock restò inalterata: i geni saltatori del granturco rimasero, ancora una volta, incomprensibili ai più.

A questo periodo si fanno risalire alcune frasi taglienti, come: «Anni passati a leggere lavori scientifici e ad ascoltare seminari rendono più difficile per loro [i colleghi] essere consapevoli delle proprie idee preconcette e prestare attenzione a qualcosa di nuovo», «Per troppi dei miei colleghi l'età ha causato un indurimento delle arterie mentali», «Il più grosso pericolo è quando le persone cercano di spiegare ogni cosa sulla base di quello che già sanno», «I modelli sono così fastidiosi! Per pura passione, il modello viene scambiato per la realtà: il dogma centrale è uno di questi».

Secondo Barbara McClintock, i biologi molecolari non avevano idea di quello che una cellula di un organismo superiore attraversa durante lo sviluppo. «Gli organismi fanno tantissime cose, di tutti i tipi, e non esiste un dogma centrale con cui spiegare tutto. È possibile trovare qualunque tipo di meccanismo anche se appare la cosa più bizzarra immaginabile (qualunque cosa, anche se non sembra avere senso). Non la scartate chiamandola un'eccezione, un'aberrazione, un contaminante: questo è purtroppo quello che è sempre accaduto con tanti buoni indizi.»

A causa di questo modo di vedere le cose, che oggi chiameremmo olistico, Barbara McClintock era considerata dai biologi molecolari del tempo fuori dal mondo, legata a idee vecchie, personalmente eccentrica e sempre più lontana da quello che loro consideravano scienza.

Il seminario del 1960 a Cold Spring Harbor fu l'ultimo, inutile tentativo di spiegare il proprio lavoro ai colleghi, che ormai in larga maggioranza erano contro di lei.

Verso la fine degli anni Sessanta l'Accademia nazionale delle scienze degli Stati Uniti individuò una seria minaccia per il granturco locale in America centrale e in quella del Sud: con il diffondersi degli ibridi commerciali, molte varietà di granturco locale sarebbero andate perdute se non fossero state collezionate e conservate. A Barbara McClintock venne quindi chiesto di andare a addestrare i citologi locali per implementare il progetto. Ne scaturì una ricerca molto interessante: il rapporto finale di questi dieci anni di studio apparve nel 1978. Nel frattempo continuò il suo lavoro sulla trasposizione, sapendo di aver ragione.

Tra il 1965 e il 1970 ricevette una serie di riconoscimenti che in parte la incoraggiarono, senza però alleviare il dispiacere per la mancanza di riconoscimento della sua scoperta più importante.

DOPO TANTI ANNI IL RICONOSCIMENTO

Tra la metà e la fine degli anni Settanta quello che Barbara McClintock aveva scoperto nel granturco cominciò a essere confermato anche da altri scienziati. Questo accadde proprio nei microrganismi, cioè in quegli organismi semplici sui quali i biologi molecolari basavano la loro ferma convinzione che il genoma fosse stabile. In poco tempo il numero di esperimenti che dimostravano l'esistenza e il modo di azione degli elementi genetici mobili (o geni saltatori) si moltiplicò.

Per ironia della sorte, la domanda fu: ma può la stessa cosa accadere anche negli organismi superiori? Furono Peter Starlinger e Heinz Saedler i primi a far notare, nel 1972, l'analogia con quanto scoperto da Barbara McClintock oltre vent'anni prima (un altro esempio di etica professionale). Ma si dovettero aspettare altri quattro anni, fino alla conferenza di Cold Spring Harbor sugli elementi di inserzione del DNA del 1976, perché il lavoro di Barbara McClintock venisse ufficialmente riconosciuto. Qualunque pezzettino di DNA capace di inserirsi in qualsiasi punto del genoma allora venne chiamato «elemento trasponibile».

Nel 1979 le vennero conferite due lauree *honoris causa* dalla Rockefeller University e dall'Università di Harvard. Una delle due citazioni dice: «Una pioniera scientifica: i suoi studi profondi e vasti hanno aperto la strada a una maggiore comprensione dei fenomeni genetici».

Nel 1980 la Società americana di genetica la onorò «per

la sua vivacità intellettuale, originalità, ingegnosità e completa dedizione alla ricerca».

Nel 1981 il suo nome divenne noto al pubblico con il MacArthur Laureate Award (60.000 dollari all'anno, per tutta la vita, esentasse). Il giorno dopo ricevette il prestigioso Lasker Award, che citò le «monumentali implicazioni» delle sue scoperte «non completamente apprezzate se non molti anni dopo».

Quando nell'autunno del 1982 condivise il premio Horwitz della Columbia University con Susumu Tonegawa, i commentatori fecero notare la frequenza con la quale, in passato, i vincitori del premio Horwitz avevano ricevuto il Nobel.

«Tutto questo all'improvviso è troppo», «Non mi piace tutta questa pubblicità, tutto quello che desidero è ritirarmi in un angolo tranquillo del mio laboratorio» pare abbia detto in occasione della consegna di uno di questi premi.

Nel 1983, esattamente trent'anni dopo aver descritto i geni, poi chiamati trasposoni, capaci di spostarsi e di cambiare il funzionamento di quelli vicini, Barbara McClintock venne insignita, sola vincitrice, del premio Nobel per la fisiologia e la medicina.

Note

1 Ma Y., Oliveira D.F.M., Woodruff T.K., Uzzi B., *Women Who Win Prizes Get Less Money and Prestige*, «Nature», 2019, 565(7739): 287-288.

2 Machiavelli N., *Il Principe*, Einaudi, Torino 1961.

3 I geni controllano la struttura delle proteine (costituite da sequenze di aminoacidi) con un codice. Il DNA contiene, tra l'altro, quattro componenti (adenina, timina, citosina, guanina), le quali a gruppi di tre corrispondono ai venti aminoacidi, creando così un codice, che va appunto sotto il nome di codice genetico.

13

I semi del futuro: il primo passo con la ricerca partecipativa

Abbiamo ripetuto spesso nel libro come ormai esista un vasto consenso sul fatto che la biodiversità in generale e l'agrobiodiversità in particolare abbiano un ruolo fondamentale per mantenere la sicurezza alimentare, ancor di più oggi date le incertezze dovute al cambiamento climatico. Abbiamo anche detto che attualmente sicurezza alimentare significa nutrire la popolazione mondiale, non solo sfamarla. Abbiamo visto come l'agrobiodiversità sia importante per combattere molte malattie a base infiammatoria e legate al sistema immunitario, che dipendono da diete troppo uniformi. Il miglioramento genetico moderno, però, non sembra tener conto di tutto ciò e, negli ultimi decenni, ha continuato a produrre quasi esclusivamente uniformità.

Non si contano più i rapporti internazionali che si occupano delle relazioni tra agricoltura, cibo e salute e dell'influenza che su questi hanno i cambiamenti climatici. Tuttavia, molto raramente vanno alle radici, e cioè al seme. A noi sembra che, per affrontare i problemi del pianeta, sia necessario partire dal seme, perché è dalla possibilità di scegliere il seme che dipende il tipo di agricoltura che pratichiamo, il cibo che mangiamo e in definitiva la nostra salute e quella del pianeta. Ma se il seme, come abbiamo visto, è di fatto controllato da poche corporazioni, i contadini non hanno molta scelta e, di conseguenza, non ce l'hanno nemmeno i consumatori quando decidono cosa mangiare.

Gran parte dei semi, almeno nei paesi sviluppati, viene dai programmi di miglioramento genetico che, da quando sono passati prima alle istituzioni pubbliche e poi a quelle private, hanno prodotto prevalentemente uniformità: intervenire su come si fa miglioramento genetico può essere quindi il modo di affrontare alla radice i problemi di cui abbiamo parlato.

Per invertire la tendenza, mentre lavoravamo presso l'ICARDA, abbiamo deciso di modificare radicalmente il modo in cui facevamo miglioramento genetico, trasferendo la maggior parte del lavoro di selezione dalla stazione di ricerca ai campi dei contadini, coinvolgendoli in tutte le decisioni, adottando un tipo di metodologia nota come «miglioramento genetico partecipativo». Questa ha il potere, come vedremo, di riportare il controllo dei semi nelle mani dei coltivatori e quindi di tornare alla diversità.

Il centro in cui lavoravamo fa parte del CGIAR, la cui ricerca è condotta da quindici centri membri situati in vari paesi delle Americhe, dell'Europa, dell'Asia e dell'Africa, e che si dedica alla riduzione della povertà rurale, all'aumento della sicurezza alimentare, al miglioramento della salute e dell'alimentazione umana e ad assicurare una gestione più sostenibile delle risorse naturali.

L'origine della ricerca partecipativa, nella sua accezione più ampia, risale a un lavoro scientifico del 1982, che presentava un «approccio alternativo alla soluzione dei problemi tecnologici di un'azienda agricola».[1] Si trattava di una ricerca condotta presso un altro centro del CGIAR, il Centro Internacional de la Papa (CIP), con sede a Lima, in Perù. La ricerca venne finanziata dallo stesso CIP, dalla Fondazione Rockefeller e dall'IDRC (International Development Research Centre) con sede in Canada. Quella pubblicazione scientifica, insieme a un'altra di qualche anno successiva,[2] sosteneva il principio secondo cui nel mettere a punto una nuova tecnologia agricola è necessario iniziare dai contadini, che devono essere coinvolti nel processo, anziché ignorati per poi consegnar loro una tecnologia pronta all'uso.

Applicato al miglioramento genetico, ciò significava un'inversione del modello definito «delegato» (dal francese *délégatif*) da Christophe Bonneuil ed Élise Demeulenaere,[3] in cui la produzione agricola, quella di semi, l'innovazione varietale e la conservazione delle risorse genetiche che erano state responsabilità dei contadini passano come attività specialistica nelle mani di ricercatori con competenze diverse.

Quando il lavoro venne pubblicato, il modello delegato era ormai talmente consolidato che il mondo descritto da Jack Kloppenburg con le seguenti parole: «I contadini decidevano quali semi seminare, quali semi conservare e a chi dare i propri semi come cibo o materiale da semina, il tutto seguendo delle norme che facevano parte della cultura della comunità di cui erano membri»[4] era di fatto dimenticato. Pertanto, l'idea di invertire la tendenza con un modello partecipativo che metteva in discussione il sistema di autorità, potere e controllo che si era ormai consolidato era molto radicale e forse addirittura sovversiva.[5]

A peggiorare le cose, quando l'idea fu messa in pratica, la scienza del miglioramento genetico e le istituzioni che la applicavano vennero lasciate in disparte come aspetti puramente tecnici. Pertanto fu facile per i ricercatori definire questo modello di ricerca come «poco scientifico» (oggi questo vezzo sta tornando di moda).

E pensare che non è stato sempre così.

Addirittura nel 1908, alla Cornell University, Herbert John Webber pubblicava *Plant-Breeding for Farmers*, in cui scriveva: «Il miglioramento genetico, che si applichi alle piante o agli animali, dovrebbe rappresentare per ogni contadino un diversivo interessante e redditizio. Il miglioramento genetico delle piante, in particolare, dovrebbe diventare l'occupazione regolare di ogni contadino. Infatti, mentre pochi contadini potrebbero permettersi di fare miglioramento genetico degli animali a causa delle spese, degli spazi e delle strutture che questo richiede, al contrario non c'è povertà che possa impedire a qualsiasi contadino di permettersi un piccolo pezzo di terra coltivato a granturco o a frumento o a patate che gli fornisca il seme per il proprio campo».[6]

Quindi, oltre cento anni fa, Herbert John Webber, allora considerato il miglioratore vegetale e il botanico più illustre del Dipartimento di Agricoltura degli Stati Uniti, preside della facoltà di Agricoltura della Cornell University e assunto dal dipartimento di Miglioramento genetico come professore di Biologia vegetale sperimentale, scriveva che i contadini dovevano imparare a selezionarsi da soli il proprio seme.

Il messaggio di Webber non rimase inascoltato. Come abbiamo visto nel caso degli ibridi di granturco, prima del loro avvento e ancora durante le prime fasi della loro diffusione, vi era una collaborazione stretta tra ricercatori pubblici e contadini del Midwest, che si interruppe solo quando gli ibridi diventarono un affare commerciale.

Si sa che anche in Italia, prima che gli ibridi di granturco arrivassero dagli Stati Uniti come parte del Piano Marshall, vi era una forte collaborazione tra i ricercatori dell'istituto di maiscoltura di Bergamo e i contadini, che poi terminò quando l'istituto si fece promotore degli ibridi.

Nel nostro caso, lo stimolo a iniziare il programma di miglioramento genetico partecipativo è venuto da una serie di fattori: da una parte avevamo il compito di fare miglioramento genetico dell'orzo per i paesi in via di sviluppo, dove questa coltura viene generalmente coltivata nei terreni meno fertili, più aridi e da contadini poveri e che non hanno molta scelta su cosa coltivare; dall'altra, ci siamo presto resi conto che con la selezione condotta in una stazione sperimentale non stavamo facendo alcun progresso, perché le condizioni (clima, terreno, pratiche agronomiche) nei campi dei contadini erano troppo diverse da quelle della stazione di ricerca. Infine, un'ulteriore complicazione era rappresentata dall'eterogeneità del mondo esterno alla stazione stessa. Questo mondo era fatto sì di ambienti fisici difficili per scarsità di pioggia, e in genere di risorse, ma difficili in modi diversi, anche perché i contadini facevano dell'orzo usi differenti e operavano in contesti socioeconomici variegati, come si vedrà nel caso della storia di Bill e Mohammed nel prossimo capitolo.

Abbiamo così deciso, nel 1995, di uscire dalla stazione sperimentale e di discutere con i contadini, la prima volta in un villaggio nella provincia di al-Raqqa, in Siria, e poi in altri otto villaggi dello stesso paese. Parlammo loro della possibilità di fare il lavoro di selezione in collaborazione nei loro campi.

Dal punto di vista operativo, noi fornivamo diversità nella forma di vari tipi di orzo, oltre che il metodo per sperimentare in modo scientificamente corretto, mettendo a confronto i nostri diversi tipi di orzo con quelli che già coltivavano. I contadini, a loro volta, mettevano a disposizione la loro conoscenza della coltura, una parte del loro terreno per seminare gli esperimenti e una parte del loro tempo per dare un giudizio su ognuno dei diversi tipi di orzo seminati. La valutazione era poi completata da misurazioni fatte da noi – in alcuni paesi, come l'Iran, fatte dagli stessi contadini – per le caratteristiche delle piante di interesse per i contadini, che nel caso della Siria erano l'altezza della pianta, la lunghezza della spiga, le dimensioni del seme e naturalmente la resa. Infine, per garantire il rigore scientifico, sottoponevamo tutte le informazioni a un'analisi statistica, i cui risultati venivano poi messi a disposizione dei contadini dei diversi villaggi sotto forma di tabelle compilate in modo semplice e nelle rispettive lingue, per consentire loro di decidere cosa selezionare e cosa scartare.

Il processo che abbiamo descritto veniva ripetuto per quattro anni: i tipi selezionati nel corso del primo anno venivano di nuovo provati per il secondo, durante il quale si operava di nuovo la selezione seguendo le stesse modalità, e così via. In questo modo, i centosessanta tipi di orzo iniziali (nel caso della Siria, ma il numero variava a seconda dei paesi e delle colture e veniva deciso assieme ai contadini) si riducevano gradualmente fino a che, alla fine di un ciclo di quattro anni, ne rimanevano pochi, di norma da uno a quattro, che i contadini cominciavano a moltiplicare e a coltivare. Ci si assicurava così che ciò che era stato selezionato avesse una costanza di rendimento nonostante le differenze climatiche da un anno all'altro.

Un aspetto fondamentale del processo è che alla fine di ogni ciclo di selezione i contadini, di solito uno per villaggio, cominciavano a produrre il seme dei tipi selezionati. Questo veniva condiviso liberamente tra i contadini che partecipavano alla selezione e venduto al di fuori del gruppo. In altre parole, i nuovi tipi selezionati entravano automaticamente in quel sistema sementiero informale che abbiamo già descritto e i contadini tornavano a essere i proprietari delle nuove varietà che la loro stessa selezione generava.

Proprio come diceva Giorgio Gaber quando cantava «la libertà è partecipazione», con il miglioramento genetico partecipativo i contadini riacquistano la libertà di scegliere il proprio seme.

È stato interessante osservare la dinamica della diffusione del seme. Per i contadini che facevano parte del programma, i tipi selezionati erano i prodotti del loro lavoro di quattro anni e quindi utilizzare quel seme li ripagava di quanto avevano fatto. I contadini esterni al gruppo invece, quando vedevano gli altri nei campi, curiosi di sapere cosa stessero facendo, si fermavano a fare domande. Alcuni esperimenti, infatti, erano abbastanza vicini alle strade e quanti del programma non sapevano nulla, passando, scendevano dalla bicicletta, dalla moto o dall'auto e chiedevano cosa stesse succedendo. La maggior parte era interessata a quelle varietà che, avendo completato un ciclo di quattro anni, erano coltivate su superfici grandi (da mezzo ettaro in su). Era di fronte a queste che si contrattava l'acquisto del seme. Pensate alla differenza tra acquistare il seme di una nuova varietà al mercato, in un sacco con un cartellino, senza averla mai vista e senza sapere da dove viene, rispetto a comprarlo direttamente sul campo dove la varietà ce l'hai sotto gli occhi e puoi comprarla da un altro contadino a cui puoi chiedere informazioni e verificarle con altri contadini. Dal punto di vista finanziario, non si trattava di compravendite importanti, perché in genere chi comprava non acquistava più di 50-100 chili di seme (sufficienti per un quarto o mezzo ettaro). Lo scopo, infatti, era quello di provare una nuova varietà con un investimento minimo, per poi, in caso di successo, cominciare a produrre il proprio seme.

Questo lavoro veniva fatto separatamente e indipendentemente in ogni villaggio. In tal modo il miglioramento genetico partecipativo spostava di nuovo l'accento sull'adattamento specifico, contribuendo così a un aumento della produzione agricola a livello delle singole aziende, mentre allo stesso tempo migliorava l'agrobiodiversità. Questo perché in ogni villaggio, a causa delle sue specifiche caratteristiche climatiche e pedologiche, e delle preferenze dei contadini, i pochi tipi di orzo che rimanevano alla fine dei quattro anni di selezione erano quasi inevitabilmente diversi da quelli degli altri villaggi.

La selezione, condotta direttamente nei campi dei contadini, dove la coltivazione era fatta secondo le pratiche agronomiche del luogo, favoriva i tipi adattati alle condizioni locali. In altre parole, la nuova varietà selezionata non aveva bisogno, per esempio, di altro diserbo che non fosse quello fatto a mano, praticato abitualmente dai contadini delle zone aride, che in quel modo si procuravano foraggio per le pecore. E non aveva nemmeno bisogno di concimi o di pesticidi, perché le piante erano selezionate in assenza di input chimici, che i contadini non avrebbero comunque potuto permettersi o il cui uso, in ambienti aridi, è estremamente rischioso.

Per tutti questi motivi, la metodologia partecipativa si presta bene all'agricoltura biologica o a basso input, contribuendo così a mitigare alcune delle cause del cambiamento climatico.

Mentre il modello di miglioramento genetico partecipativo che avevamo messo a punto in Siria a metà degli anni Novanta con l'orzo veniva esteso, dai nove villaggi iniziali, prima a undici e infine a ventiquattro villaggi in sette province della Siria, lo stesso venne gradualmente implementato in altri paesi quali Tunisia, Marocco, Giordania, Egitto, Eritrea, Algeria, Yemen, Iran, Uganda, Etiopia e infine in Italia, e per varie colture come frumento duro e tenero, orzo, lenticchie, ceci, fave, fagioli dall'occhio e pomodori, in un tipo di collaborazione che unisce la scienza moderna al sapere contadino.

Poiché nel miglioramento genetico partecipativo i contadini (o, in generale, gli utilizzatori) sono coinvolti nella progettazione e nello sviluppo di tecnologie – e non soltanto nella verifica dei prodotti finali della ricerca scientifica, come avviene per la ricerca convenzionale (non partecipativa) –, è la domanda a guidare l'intero processo.

Ci sono numerose differenze tra il miglioramento genetico partecipativo e quello convenzionale. In quest'ultimo – come abbiamo detto – le nuove varietà vengono selezionate dai ricercatori nelle stazioni sperimentali e solo il prodotto finale viene sperimentato nei campi dei contadini. Poiché nei centri di ricerca le pratiche agronomiche – che includono aratura, tipo e numero di applicazioni di concimi e rotazioni – sono diverse, a volte *molto* diverse, da quelle dei contadini, e in particolare dei contadini poveri delle aree marginali, l'accettazione da parte loro della nuova varietà avviene, se e quando avviene, alla fine di un processo di selezione dal quale sono esclusi. Di conseguenza vi è una grande differenza tra il numero di varietà accettate dai contadini e in seguito coltivate da un lato, e quelle selezionate e rese disponibili dai centri di ricerca dall'altro. Questo accade anche perché è difficile per un contadino sostituire una varietà che fino a quel momento ha dato da mangiare alla sua famiglia e ai suoi animali con un'altra di cui sa poco o nulla. In alcuni paesi si nota anche una certa diffidenza per le nuove varietà da parte dei contadini, generata da anni di delusioni. Al contrario, nel miglioramento genetico partecipativo, il contadino è un attore del processo, ha modo di osservare le nuove potenziali varietà di anno in anno durante il processo di selezione, e quindi le conosce bene.

Nel caso dei paesi in cui c'è un forte controllo del mercato sementiero da parte delle corporazioni, la dinamica dell'accettazione delle varietà è stravolta dalla situazione di oligopolio, per cui i contadini di fatto non hanno scelta, se non quella di comprare il seme che si trova sul mercato o riutilizzare come seme parte del raccolto dell'anno precedente. Questo, come è noto, non è possibile quando si usano ibridi o, per meglio dire, è possibile, ma si ottiene qualcosa di molto diverso.

Per essere veramente partecipativo, il programma deve essere inclusivo, specialmente per quanto riguarda le donne perché, in particolare nei paesi poveri, hanno un ruolo critico in agricoltura e l'agricoltura ha un ruolo critico per il loro sostentamento.[7] Fornire competenze alle donne e concentrarsi sui loro problemi genera vantaggi maggiori in termini di riduzione della povertà e maggior produttività agricola.

Un esempio del contributo che la partecipazione attiva delle donne può dare a disegno, organizzazione e obiettivi del programma di miglioramento genetico partecipativo è fornito dal caso del fagiolo dall'occhio in Uganda. I fagioli, in generale, sono una fonte di cibo molto importante in tutta l'Africa centrale, tanto è vero che uno dei lavori pionieristici sul miglioramento genetico partecipativo in Africa è stato appunto fatto sul fagiolo in Ruanda.

Tornando all'Uganda: siamo a Katakwi, un villaggio ai confini con il Kenya, dove si vive senza acqua corrente e senza elettricità. Una fondazione americana aveva finanziato un progetto partecipativo sul fagiolo dall'occhio con la collaborazione dell'Università di Makerere e del ministero dell'Agricoltura locale. Nel villaggio venimmo accolti da contadini e contadine avvertiti per tempo del nostro arrivo da ricercatori locali: con l'aiuto di interpreti si cominciò a discutere del fagiolo dall'occhio. Gli uomini parlavano solo di semi: quanto si produceva, da dove venivano, come si conservavano, come si scambiavano, e fu subito evidente che eravamo in presenza di quella dinamica, complessa ma efficiente, del sistema sementiero contadino che abbiamo descritto prima. Finalmente prese la parola una donna, una tra le più anziane del gruppo, la quale ci disse che loro le foglie di fagiolo dall'occhio le cucinavano per cena, e quindi chiese se nell'esperimento di cui stavamo parlando si sarebbero potute raccogliere le foglie.

Di questo nessuno ci aveva informato, ed è soltanto un esempio del fatto che, quando si entra in contatto con i contadini, è bene non avere un'agenda prefissata ed essere molto flessibili e pronti ad accogliere istanze e problemi non previsti.

Questo esperimento includeva circa ottanta varietà, delle quali però il ricercatore del ministero dell'Agricoltura non aveva molto seme, quindi ciascuna varietà veniva seminata in poco più di un metro quadrato: pensate che cosa sarebbe successo se avessimo lasciato le donne vagare nel campo a raccogliere le foglie. Continuando a discutere, la fortuna volle che fosse fatta la domanda giusta al momento giusto: scoprimmo che loro erano talmente esperte da poter dire al tatto se le foglie erano buone da cucinare o no. A loro bastava guardarle e prenderle tra le dita: come ci si poteva aspettare, quelle piccole e sottili erano le migliori. Si decise così di abbandonare l'idea della defogliazione e di chiedere alle donne di camminare tra le diverse varietà, tastare le foglie ed esprimere il loro giudizio scrivendolo su un apposito quaderno di campo. Dovevamo assicurarci che tra le varietà ci fosse abbastanza spazio per camminare, considerato che spesso le donne erano costrette a portare con sé i figli piccoli sulle spalle e che in molti casi qualcuno doveva accompagnarle per riportare sul quaderno il loro giudizio, dato che la maggior parte non sapeva scrivere.

La partecipazione delle donne ai progetti non è sempre scontata: in alcuni paesi, per esempio in Africa e Asia, di solito non è un problema, anche se bisogna porre attenzione al livello di coinvolgimento. Partecipare, infatti, non significa solo essere fisicamente presenti a una riunione, ma soprattutto sentirsi liberi di esprimere la propria opinione. Questo non è solo un problema di genere, perché non è raro, in riunioni di soli uomini, osservare che alcuni intervengono nella discussione, mentre altri tacciono sempre. Ciò solitamente indica situazioni di potere o gerarchiche all'interno delle comunità, che bisogna imparare a gestire per dare a tutti la possibilità di un'effettiva partecipazione.

Può essere importante scegliere in maniera opportuna il luogo in cui ci si riunisce, perché spesso si viene invitati da chi ha una casa grande, nella quale i contadini più poveri del villaggio probabilmente non sono mai entrati, e questo può farli sentire a disagio. In alcuni paesi musulmani, la moschea può essere la scelta ideale, essendo il posto dove si possono incontrare contemporaneamente uomini e donne. Nelle case private, in alcuni paesi, donne e uomini si riuniscono in stanze separate, e in questo caso è necessaria la presenza di una ricercatrice per poter comunicare con tutti. In realtà la presenza di una ricercatrice donna nel team è quasi sempre la soluzione: di solito in questo modo la partecipazione femminile non è un problema.

Il miglioramento genetico partecipativo e quello convenzionale sono diversi anche per quanto riguarda gli aspetti organizzativi chiave. Nel primo gli obiettivi sono decisi insieme ai contadini, che spesso esprimono preferenze anche sul tipo di materiale genetico di partenza, per esempio varietà moderne o vecchie, e sui caratteri specifici, per esempio il colore del seme. Il materiale vegetale è poi valutato nei campi dei contadini a uno stadio del programma di miglioramento genetico precedente rispetto a quanto avviene nel miglioramento genetico convenzionale. I contadini sono coinvolti in tutte le decisioni principali e, particolarmente, come abbiamo visto, sono loro a selezionare e scartare alla fine di ogni stagione. Spesso sono in grado di suggerire ai ricercatori innovazioni metodologiche nel modo di condurre la selezione o di seminare gli esperimenti. Le località in cui viene fatto il miglioramento genetico partecipativo sono scelte in modo da campionare in maniera estesa gli ambienti sia fisici sia socioeconomici, oltre che gli utilizzatori. Ogni località viene considerata come un'unità indipendente di selezione, che viene condotta a prescindere da come le migliori varietà di quel particolare luogo rendono se coltivate in un luogo diverso. Pertanto la selezione è completamente decentralizzata, mentre nel miglioramento genetico convenzionale è fortemente centralizzata e mira a ottenere varietà con ampio adattamento. Infine, la gestione agronomica delle prove è decisa dai contadini, e diverse opzioni, inclusa l'agricoltura biologica, possono essere inserite nel programma, i cui obiettivi sono costantemente monitorati con i contadini partecipanti.

La conseguenza pratica del miglioramento genetico partecipativo è la selezione di un gran numero di varietà diverse da paese a paese, da villaggio a villaggio all'interno di un paese, e spesso anche all'interno dello stesso villaggio in funzione dell'età, dell'agiatezza e del genere dei partecipanti. Oltre ad aumentare la biodiversità in termini di spazio, il miglioramento genetico partecipativo aumenta la biodiversità nel tempo, perché il processo è ciclico e c'è un veloce avvicendamento di varietà. Infatti ogni anno un nuovo ciclo comincia e uno finisce, e nuove varietà possono essere selezionate. Essendo il loro seme immediatamente disponibile, ciò crea un paesaggio agricolo così mutevole nello spazio e nel tempo per quanto riguarda il panorama varietale da rendere difficile la diffusione di malattie e insetti. Inoltre, i tipi selezionati dai contadini sono spesso non omogenei, cioè geneticamente diversi al loro interno – come le vecchie varietà locali –, in contrasto con la maggioranza dei prodotti del miglioramento genetico convenzionale, in cui tutte le piante di ogni varietà sono geneticamente identiche le une alle altre. Infatti, quando si guarda un campo di frumento seminato con una varietà moderna o un campo di granturco seminato con un ibrido, è come guardare tantissimi gemelli identici.

Alcuni esempi del successo dei nostri programmi di miglioramento genetico partecipativo sono i seguenti.

1. Molte varietà nuove sono state accettate e coltivate da contadini in diversi paesi. In Siria è stato dato un nome a più di ottanta linee o popolazioni dai contadini che le hanno adottate in seguito alle sperimentazioni effettuate a partire dal 1995. Per contro, in circa trentacinque anni, il programma di miglioramento genetico convenzionale del ministero per l'Agricoltura e della riforma agraria aveva prodotto soltanto sette varietà, una sola delle quali coltivata e su un'area limitata. In alcune zone, la superficie coltivata con varietà d'orzo ottenute con il miglioramento genetico partecipativo è arrivata all'80% di tutta quella coltivata a orzo. In Giordania e Algeria, le varietà ottenute con il programma partecipativo sono ancora in fase di moltiplicazione del seme per essere poi distribuite; in Eritrea sono state selezionate tre varietà d'orzo, dieci di frumento tenero e due di frumento duro; in Yemen sono state accettate due varietà d'orzo e due di lenticchia; in Egitto i contadini hanno selezionato tre varietà d'orzo; nel Tigrai, una regione dell'Etiopia spesso colpita da siccità e carestie, sono state accettate, e ufficialmente distribuite, due varietà d'orzo; in Iran, al termine del primo ciclo di miglioramento genetico partecipativo, i contadini hanno selezionato e dato un nome a quattro varietà d'orzo; in Italia sono state selezionate tre varietà di pomodoro che, coltivate in biologico, hanno avuto rese superiori a quelle degli ibridi commerciali.[8] In aree poco piovose e siccitose dove il miglioramento genetico convenzionale non era riuscito a identificare nemmeno una nuova varietà, si sono riscontrati aumenti delle rese fino al 50-70% solo cambiando la tipologia di varietà.

2. In numerosi paesi, legislatori e ricercatori hanno mostrato interesse per il miglioramento genetico partecipativo, considerato un approccio che genera risultati importanti, più velocemente e a minor costo.
3. La natura interattiva del miglioramento genetico partecipativo ha considerevolmente aumentato le conoscenze dei contadini, la loro capacità di negoziare, la stima di loro stessi, la loro dignità e le loro competenze, in altre parole quello che in inglese si chiama *empowerment*. Grazie alle loro capacità e a una maggior fiducia in loro stessi, molti hanno iniziato a trarre ulteriori vantaggi dal miglioramento genetico evolutivo che descriveremo in seguito.

Anche altri programmi di miglioramento genetico partecipativo nel mondo hanno registrato notevoli successi. Il nostro, in particolare, è stato citato nel rapporto annuale della Banca mondiale del 2008. Nella parte dedicata all'innovazione attraverso la scienza e la tecnologia, quest'ultimo fa specifico riferimento al miglioramento genetico decentralizzato e partecipativo e parla del lavoro dell'ICARDA in Siria, cioè il programma di cui noi eravamo responsabili, come di un programma capace di ridurre il tempo necessario per lo sviluppo e la disseminazione di nuove varietà a cinque-sette anni rispetto ai dieci-quindici del miglioramento genetico convenzionale.[9]

Naturalmente non siamo stati i soli a fare miglioramento genetico partecipativo. Nonostante gli inizi difficili, segnati da scelte forse più ideologiche che scientifiche, la sua pratica e la sua scienza si sono gradualmente diffuse in tutto il mondo.

In un recente inventario del miglioramento genetico partecipativo condotto a livello globale a partire dal 1982, abbiamo trovato 254 pubblicazioni prodotte in un arco di tempo di trentasei anni.[10] Queste dimostrano come sia stato impiegato in 69 paesi (10 sviluppati e 59 in via di sviluppo) su 47 colture, incluse quelle che si autofecondano (autogame), quelle che si incrociano (allogame) e quelle che si riproducono per via vegetativa. È stato proposto da istituzioni molto diverse, che vanno dai centri internazionali del CGIAR, a università e a organizzazioni non governative (ONG). Questo, secondo noi, indica che non vi sono motivi scientifici, né tecnici o istituzionali che possano limitare l'uso del miglioramento genetico partecipativo. Di seguito riassumiamo alcuni aspetti interessanti di questo inventario.

Le colture su cui si è applicato di più il miglioramento genetico partecipativo includono quelle più importanti per la nostra alimentazione, come riso, granturco, fagiolo, sorgo, orzo, patata, frumento e miglio.

Ben sessanta università hanno lavorato o ancora lavorano sul miglioramento genetico partecipativo: tra queste, la maggior parte (44 o il 75% del totale) sono in undici paesi sviluppati, tra cui i più rappresentati sono gli Stati Uniti, il Regno Unito e l'Italia. Una dimostrazione in più che non è affatto vero, come dicono alcuni, che si tratta di un metodo che ha poco o nulla di scientifico.

Negli Stati Uniti gran parte del miglioramento genetico partecipativo è indirizzata all'agricoltura biologica, che in quel paese, come in altri, è in una fase di forte espansione. Molti ricercatori hanno capito che, per esprimere tutta la sua potenzialità, l'agricoltura biologica deve poter contare sempre di più su varietà selezionate in modo specifico.

Infine, il concetto di partecipazione è anche contenuto al punto c) dell'articolo 6 del trattato internazionale delle risorse genetiche vegetali per il cibo e l'agricoltura,[11] ed è una delle raccomandazioni chiave di un rapporto alle Nazioni Unite.[12]

L'interesse per il miglioramento genetico partecipativo è ancora molto diffuso, probabilmente per l'impatto della ricerca agricola in generale, e del miglioramento genetico convenzionale in particolare, sui contadini nei paesi in via di sviluppo, soprattutto quelli che coltivano in aree marginali, che è stato inferiore alle aspettative.[13]

Il riconoscimento del miglioramento genetico partecipativo da parte di organizzazioni internazionali, insieme all'elenco dei successi del nostro programma, che non deve sembrare un atto di autoglorificazione, ci serve per spiegare che fine abbia fatto questo metodo e perché.

Infatti, nonostante i suoi successi e i suoi riconoscimenti, il miglioramento genetico partecipativo non è mai veramente decollato a livello istituzionale, né a livello nazionale o internazionale. Di esso nei centri internazionali di ricerca del CGIAR, dai quali ha avuto origine, non si parla più, e infatti nell'inventario a cui abbiamo fatto riferimento il contributo di questi centri alle pubblicazioni sul miglioramento genetico partecipativo è andato gradualmente e costantemente diminuendo a partire dal biennio 2002-2003. Questo si può spiegare con il cambiamento delle priorità del CGIAR, che nel corso degli ultimi dieci anni si è concentrato su una ricerca più di base (biotecnologie, che poi sono quelle per cui è più facile ricevere fondi). Vi è stato anche un mutamento nella fonte dei finanziamenti, che da prevalentemente pubblici sono diventati prevalentemente privati, con una presenza sempre più importante tra i donatori proprio di quelle corporazioni interessate a mantenere il controllo dei semi e dei pesticidi. Non ci si può certo aspettare che finanzino progetti partecipativi.

Dal momento che non esistono obiezioni scientifiche e visti i successi conseguiti, noi interpretiamo la difficoltà delle istituzioni pubbliche a istituzionalizzare il miglioramento genetico partecipativo – cioè a farne «il modo di fare miglioramento genetico» – come la difficoltà di accettare il cambio di paradigma che la ricerca partecipativa in genere, e quella legata al miglioramento genetico in particolare, implica. Nel caso di quelle private, invece, che hanno interesse a brevettare le loro innovazioni, i motivi sono molto più facili da spiegare.

Quindi l'atteggiamento delle istituzioni, inclusi i centri del CGIAR, e dei ricercatori nei confronti del miglioramento genetico partecipativo – che può essere a volte apertamente negativo, mentre altre volte è imprevedibile e mutevole, per cui alcune si rifiutano di partecipare o inizialmente danno il loro pieno appoggio per poi ritirarlo quando cambiano le loro priorità, oppure come conseguenza di cambiamenti di personale a livello dirigenziale – non ha nulla di scientifico. Rendersi conto di questo significa capire che la debolezza del miglioramento genetico partecipativo è di natura molto più complessa; se fosse stata di natura scientifica, con il tempo avremmo potuto superarla grazie ad argomentazioni rigorose ed evidenze. La causa della vulnerabilità del processo, che dipende per sua natura dal supporto istituzionale sia per il flusso del materiale genetico sia per il supporto tecnico quali disegni sperimentali e analisi statistiche dei dati, è quindi ben altra. Molto verosimilmente ha a che fare con quanto detto da Jack Kloppenburg a proposito del processo di espropriazione, di cui abbiamo già parlato.

Messa nei termini proposti da Kloppenburg, se il passaggio dalla gestione circolare della biodiversità da parte dei contadini a quella lineare delle istituzioni e delle corporazioni è stato descritto come un fenomeno di «espropriazione», il miglioramento genetico partecipativo tende a invertire il processo, dando luogo a una sua vera «riappropriazione» da parte dei contadini, con tutto quello che ne consegue.

Prima però di parlare di come abbiamo affrontato le difficoltà poste dalle istituzioni al miglioramento genetico partecipativo, vogliamo ricordare alcuni dei rapporti umani che questo ci ha consentito di stabilire, rapporti indelebili, con persone tra le più varie e dei paesi più diversi che si possano immaginare, una ricchezza che va ben oltre i seppur numerosi riconoscimenti scientifici.

Note

[1] Rhoades R.E., Booth R.H., *Farmer-Back-to-Farmer: A Model for Generating Acceptable Agricultural Technology*, «Agricultural Administration», 1982, 11(2): 127-137.

[2] Rhoades R.E., Horton D.H., Booth R.H., *Anthropologist, Biological Scientist and Economist: The Three Musketeers or Three Stooges of Farming Systems Research?*, in Jones J.R., Wallace B.J. (a cura di), *Social Sciences and Farming System Research: Methodological Perspectives on Agricultural Development*, Westview Press, London 1987, pp. 21-40.

[3] Bonneuil C., Demeulenaere E., *Une génétique de pair à pair? L'émergence de la sélection participative*, in Charvolin F., Micoud A., Nyhart L.K. (a cura di), *Les sciences citoyennes. Vigilance collective et rapport entre profane et scientifique dans les sciences naturalistes*, Editions de l'Aube, Paris 2007, pp. 122-147.

[4] Kloppenburg J., *Impeding Dispossession, Enabling Repossession*, cit.

[5] Crane T.A., *Bringing Science and Technology Studies into Agricultural Anthropology: Technology Development as Cultural Encounter between Farmers and Researchers*, «Culture, Agriculture, Food and Environment», 2014, 36(1): 45-55.

[6] Webber H.J., *Plant-Breeding for Farmers*, «Cornell University Bulletin», 1908, 251: 292-332.

[7] Galiè A., *Governance of Seed and Food Security Through Participatory Plant Breeding: Empirical Evidence and Gender Analysis from Syria*, «Natural Resources Forum», 2013, 37(1): 31-42.

[8] Campanelli G., Acciarri N., Campion B., Delvecchio S. *et al.*, *Participatory Tomato Breeding for Organic Conditions in Italy*, «Euphytica», 2015, 204(1): 179-197.

[9] World Bank, *World Development Report 2008: Agriculture for Development*, Washington 2007, p. 160.

[10] Ceccarelli S., Grando S., *Participatory Plant Breeding: Who Did It, Who Does It and Where?*, «Experimental Agriculture», 2019, pubblicato online.

[11] FAO, *International Treaty on Plant Genetic Resources for Food and Agriculture*, Roma 2009.

[12] De Schutter O., *The Transformative Potential of the Right to Food*, rapporto finale che delinea le conclusioni del suo mandato, presentato alla 25ª sessione del Consiglio per i diritti umani delle Nazioni Unite, 10 marzo 2014.

[13] Bellon M.R., *Crop Research to Benefit Poor Farmers in Marginal Areas of the Developing World: A Review of Technical Challenges and Tools*, «CAB Reviews: Perspectives in Agriculture, Veterinary Science, Nutrition and Natural Resources», 2006, 1(70): 11.

14

Persone che abbiamo conosciuto

I NOMADI IRANIANI: LA TRIBÙ ABOLHASSANI

In Iran la cultura tribale è ancora molto presente. Invitati a cena, al momento delle presentazioni, è consuetudine che il padrone di casa dica subito a quale tribù appartenga.

L'organizzazione non governativa con la quale lavoriamo da molti anni in Iran, CENESTA, ha dedicato molte delle proprie attività al riconoscimento e alla valorizzazione del patrimonio culturale dei nomadi iraniani, soprattutto per volontà del suo presidente, Taghi Farvar, scomparso nel 2018.

Una delle tribù con cui Taghi e CENESTA hanno lavorato è la tribù Abolhassani, che ha il suo villaggio estivo presso Zamanabad, oltre 600 chilometri a est di Teheran, nella provincia di Semnan. Questa ha mantenuto la sua tradizionale struttura e come tutti i nomadi moderni usa la tenda solo per accogliere gli ospiti, mentre in realtà si sposta tra un villaggio invernale e uno estivo: nel caso della tribù Abolhassani, sono a soli 80 chilometri l'uno dall'altro e sono raggiungibili a piedi o in auto.

La principale attività è la pastorizia: allevano pecore e capre in zone molto aride e per questo la tribù era interessata a provare l'orzo come possibile alimento per i suoi animali.

Nel villaggio si tramandano alcune tradizioni, come quella di fare ancora il burro alla maniera antica. Le case sono molto accoglienti, anche se spartane, e spesso l'ospitalità si manifesta con musiche, canzoni e poesie fino a tarda notte.

Mohammed, Fatima e Sara

Mohammed e Fatima sono una giovane famiglia siriana di origini beduine (nomadi) che viveva (da quanto ne sappiamo, si è spostata a est a causa della guerra) in un villaggio chiamato Bylounan, nella provincia di al-Raqqa, una delle zone più aride della Siria. Dalla loro casa spesso vedevano terra sterile perché la pioggia non era sufficiente nemmeno a far germinare l'orzo, la coltura principale.

Molti anni fa, mentre Fatima era incinta di cinque mesi del quinto figlio (non sappiamo quanti ne abbiano ora), è venuta nella stanza dove ci incontravamo con Mohammed; è molto raro che le donne entrino in una stanza in cui gli uomini (le donne straniere sono ammesse come segno di ospitalità) si incontrano, anche solo per servire il tè, cosa che infatti spetta ai figli maschi. Ci chiese, nel caso il figlio che aspettava fosse stato una femmina, se potevamo permettere loro di chiamarla Sara, come una delle nostre figlie, che loro conoscevano bene perché ogni tanto ci accompagnava a Bylounan quando andavamo a trovarli. Nacque in effetti una bambina e ora, oltre alla nostra Sara, sappiamo che c'è una Sara di Bylounan.

Ahmed, il filosofo

Quando lo abbiamo incontrato per la prima volta, Ahmed era un insegnante in una scuola elementare non lontana da dove viveva Mohammed. Ahmed è per noi molto importante, perché è stato a casa sua che, nell'autunno del 1995, abbiamo parlato per la prima volta di miglioramento genetico partecipativo con i contadini.

I due sono molto diversi. Ahmed ha una storia famigliare di impegno politico. Come ci disse una volta: «Mio nonno era un marxista e ha trascorso vent'anni in prigione, mio padre era un marxista e ha passato dieci anni in prigione, sono anche io un marxista, ma tengo la bocca chiusa!».

Una volta arrivammo nel villaggio mentre Ahmed stava insegnando, entrammo nell'aula e lui chiese ai bambini di alzarsi e di cantare per noi l'inno nazionale siriano.

Anche se il suo villaggio (chiamato Jurn El Aswad) non riceveva molta più pioggia di quello di Mohammed, Ahmed amava gli alberi e i fiori e con l'acqua che riusciva a pompare dal suo pozzo manteneva un piccolo giardino intorno a casa. Mentre facevamo un giro in macchina, indicando le altre case che avevano un giardino disse: «Si possono riconoscere da lontano gli amici di Ahmed, perché sono tutti quelli che hanno un giardino». Guardandosi intorno, era ovvio che non aveva molti amici.

Uno dei sogni di Ahmed era avere un computer e mentre aspettava di potersene permettere uno usava quello di suo fratello. È con quel pc che scrisse una relazione sul lavoro che i contadini del villaggio stavano facendo con noi.

Un giorno ci siamo seduti con Ahmed nel suo giardino. Eravamo in anticipo per un incontro con i contadini e quindi eravamo noi, lui e il traduttore. Fu allora che iniziò a filosofare sul perché persone così diverse come noi in termini di religione, cultura, istruzione eccetera potessero lavorare così bene insieme e diventare amici.

Ahmed ha il dono di saper comunicare con le persone e questo è il motivo per cui è un bravo insegnante. Quando portavamo visitatori stranieri nel suo villaggio, di solito era lui a parlare a nome degli altri contadini.

Quando nell'aprile del 2008 abbiamo organizzato una conferenza di contadini ad Aleppo, è stato naturale pensare ad Ahmed come a uno dei relatori e gli altri contadini (provenivano da sei paesi) apprezzarono molto il suo discorso.

A causa del basso stipendio pagato agli insegnanti dal governo, ma anche perché l'agricoltura da quelle parti è molto rischiosa, qualche anno fa Ahmed ha accettato di lavorare per la compagnia elettrica e di andare in giro a leggere i contatori!

Le ultime notizie che abbiamo di lui lo danno rifugiato nella zona est della Siria, controllata dai curdi.

La gente e il gelato di Garmsar, in Iran

Garmsar è una città circa 80 chilometri a est di Teheran, all'inizio del grande deserto nella parte centro-orientale dell'Iran. Le colture possono essere coltivate solo con l'irrigazione, utilizzando l'acqua disponibile nei canali e quella pompata dai pozzi.

Quando ci recammo per la prima volta a Garmsar, ci rendemmo conto che i contadini avevano molti contatti con il governo, che li assisteva fornendo varietà migliorate di colture diverse, in particolare di orzo, utilizzato principalmente come mangime per il bestiame, e frumento. I semi venivano soprattutto dall'istituto che si occupava di ricerca agricola nelle zone irrigue del paese, ma i contadini di Garmsar non avevano mai trovato alcun vantaggio dal coltivare queste varietà, il che aveva suscitato in loro un atteggiamento negativo e una diffidenza nei confronti delle istituzioni in generale.

È proprio per questa mancanza di fiducia da parte dei contadini di Garmsar nei confronti delle istituzioni che CENESTA organizzò una riunione per raccontare loro ciò che stavamo già facendo direttamente con i contadini in altri paesi e per discutere della possibilità di cominciare una collaborazione simile.

Il viaggio a Garmsar a volte richiede un cambio di taxi alle porte di Teheran, perché non tutti sono autorizzati a uscire dal perimetro della città: insieme al traffico, questo allunga notevolmente la durata del viaggio.

I contadini e gli amministratori locali organizzarono la riunione in una grande sala e parteciparono in molti. La discussione andò abbastanza bene per un po', rallentata solo dalla necessità di tradurre domande e risposte, lavoro che in Iran è molto faticoso, perché spesso alla traduzione di una domanda si sovrappone la domanda successiva. Bevande e spuntini venivano serviti in continuazione. Venne offerto un delizioso gelato, per cui Garmsar è famosa – ma questo l'abbiamo scoperto più tardi –, e solo allora la parte più difficile dell'incontro iniziò. I contadini cominciarono a fare domande del tipo: «La gente ci ha già fatto molte promesse senza mantenerle. Perché dovremmo credere a voi ora?»; «Supponiamo di accettare di avviare un programma come quelli che avete in altri paesi: cosa ne guadagnereste voi due?».

Le domande e la traduzione arrivarono mentre stavamo mangiando il nostro gelato. Il loro tono e la loro espressione, non certo amichevoli, non ci impedirono comunque di godercelo. Finito di mangiare, Salvatore rispose in modo semplice e onesto: «Comprendiamo pienamente la vostra reticenza e la vostra mancanza di fiducia, viste le numerose esperienze negative che avete avuto in passato con le istituzioni. Non avremmo nessuna difficoltà ad accettare il fatto che non avete alcuna intenzione di imbarcarvi in una nuova collaborazione, per di più con persone che non conoscete. Tuttavia, dopo aver assaggiato il vostro delizioso gelato, non credo che vi libererete di noi facilmente!». La frase suscitò molta ilarità e cambiò l'atmosfera dell'incontro, che segnò l'inizio di un lavoro che gradualmente si è esteso ad altre province, ad altre colture, quali riso e granturco, e ha coinvolto diverse università perlomeno a livello didattico.

IRAN: ISLAM, CRISTIANITÀ E PARTECIPAZIONE

Mohammadi, uno dei contadini che avevano partecipato al programma cominciato a Garmsar, è una persona molto religiosa. Solitamente leggeva alcuni versetti del Corano all'inizio di incontri e conferenze. Spesso citava il Profeta e, dopo aver lavorato al programma di miglioramento genetico partecipativo per più di due anni, scoprì che la maggior parte dei principi alla base delle relazioni umane in una collaborazione del genere si può ritrovare nel Corano. Ed è per questo che Mohammadi si è chiesto perché mai, in una repubblica islamica come l'Iran, si sia dovuto aspettare l'arrivo di ricercatori cristiani per introdurre una metodologia basata su principi islamici.

In effetti, questo non ci era del tutto nuovo. A Kermanshah, il direttore dell'Ufficio provinciale di agricoltura di quella provincia, Mr. Roointan (vedi storia successiva), ci aveva già intrattenuto sullo stesso tema.

Il signor Mohammadi ha voluto che accettassimo un invito a cena a casa sua per discutere di islam, cristianesimo e partecipazione.

MR. ROOINTAN, UN INNOVATIVO AMMINISTRATORE PUBBLICO

Mr. Roointan era il direttore dell'Ufficio provinciale di agricoltura nella provincia di Kermanshah, a sud-ovest di Teheran. La capitale omonima, una grande città, è più vicina a Baghdad che a Teheran e per molti anni è stata una tappa obbligata dei nostri viaggi in Iran.

Anche per lui, il miglioramento genetico partecipativo interpretava i principi dell'islam, e ne parlava in modo molto convinto ai contadini iraniani tutte le volte che ci poteva accompagnare nelle nostre visite. Questo indubbiamente ci favorì molto: Mr. Roointan fu uno dei pochi esempi – un altro fu nella provincia di Shiraz – di amministratori pubblici che, anche se non necessariamente esperti del settore, riuscivano a vedere in questa metodologia una reale possibilità di aiutare i contadini.

La nostra collaborazione non durò a lungo perché nel 2008 venne trasferito a Teheran, e il suo successore non ne volle sapere di continuare con il programma di miglioramento genetico partecipativo.

Inaspettatamente, e con grande gioia, lo abbiamo incontrato di nuovo durante il nostro ultimo viaggio in Iran nel giugno del 2019. È tornato a Kermanshah e, ormai in pensione, lavora per una ditta privata che si occupa di granturco. Quando ha saputo che eravamo a Ravansar, una cittadina non lontana da Kermanshah, ci ha voluto incontrare nei campi insieme ai contadini che gli vogliono ancora molto bene.

Bill e Mohammed: «siccità» significa cose diverse per persone diverse in posti diversi

Mohammed era un contadino che praticava l'agricoltura nelle zone aride della Siria, che ricevono circa 200 millimetri di pioggia all'anno.

La sua proprietà era di circa 70 ettari e, dopo aver provato tutte le colture possibili, concluse che l'orzo era la più affidabile. Ma anche con l'orzo i raccolti erano generalmente scarsi, ogni cinque-sei anni quasi inesistenti e quelli buoni, con una resa di circa 30 quintali per ettaro, capitavano soltanto ogni otto-dieci anni.

Possedeva un gregge di un centinaio di pecore e la sua priorità era quella di utilizzare la paglia dell'orzo e parte della granella per alimentarle. Il seme raccolto veniva usato per la semina e, se ne rimaneva ancora, veniva venduto, in parte al governo e in parte ai vicini. Quest'ultima era diventata un'importante fonte di reddito da quando Mohammed era entrato nel programma di miglioramento genetico partecipativo: essendo convinto della superiorità dell'orzo a seme nero, come d'altra parte tutti i contadini siriani delle zone più aride, cominciò a coltivare con successo due varietà migliorate a seme nero come Zanbaka e Tadmor.

Bill non era tanto diverso. La sua azienda si trovava nella zona a nord dell'Australia del Sud, lo stato con capitale Adelaide. Anche per lui, come per Mohammed, l'orzo era la coltura principale, dato che le precipitazioni lì dove abitava erano scarse (circa 200-250 millimetri).

Vendeva il raccolto come mangime (era troppo secco per coltivare orzo da birra) e aveva una fonte aggiuntiva di reddito nel salario della moglie, che insegnava alle scuole elementari. In media, ogni cinque anni otteneva un raccolto molto buono, uno molto scarso e tre medi: una delle principali differenze con Mohammed è che in un anno favorevole la sua resa poteva arrivare anche a 50-60 quintali per ettaro.

Quando si chiedeva a Bill quale varietà di orzo preferisse, lui non aveva esitazioni: aveva bisogno di una varietà capace di massimizzare la resa in quell'anno buono su cinque, perché era in quell'anno, diceva lui, che realizzava gran parte del profitto. Negli anni con una resa media e ancor più nell'anno in cui raccoglieva poco o niente, poteva ottenere mutui a tasso agevolato, perché il governo dichiarava lo stato di emergenza a causa della siccità; inoltre poteva contare sul salario della moglie.

La risposta di Mohammed alla stessa domanda era completamente diversa: lui aveva bisogno di una varietà in grado di produrre qualcosa anche negli anni peggiori, perché la sua priorità era nutrire le sue pecore. Se non c'era raccolto, non c'era né paglia né granella per gli animali e lui li doveva vendere. Questo rappresentava un grave disastro economico, poiché le pecore erano il suo capitale, oltre ad avere un valore sociale (più pecore hai, più conti nel villaggio). Inoltre, un anno siccitoso lo era anche per gli altri contadini, che erano nella stessa situazione di Mohammed. Per cui tutti erano costretti a vendere le pecore, e infatti in queste occasioni non era raro vedere i contadini ai bordi delle strade con pecore e agnelli già macellati. I prezzi di conseguenza scendevano, aggiungendo danno al danno.

In questi ambienti i contadini sono poco protetti istituzionalmente. Per esempio, in Siria, la Banca dell'agricoltura concedeva credito ai contadini delle zone più piovose, i quali coltivavano soprattutto frumento, perché per la banca vi era un'alta probabilità di recuperare il prestito. Non concedeva invece crediti a quei contadini come Mohammed che si trovavano in zone climaticamente più rischiose, nonostante ne avessero maggior bisogno.

Questo è un esempio di come un problema molto simile dal punto di vista strettamente biologico possa richiedere soluzioni molto diverse a seconda dell'ambiente socioeconomico in cui operano i contadini.

I Bakhtiari: gli scopritori del petrolio in Iran

La tribù dei Bakhtiari è abbastanza conosciuta, perché a essa apparteneva la principessa Soraya Esfandiary, la seconda moglie dello scià di Persia Mohammad Reza Pahlavi. Ma i Bakhtiari sono famosi anche perché la maggior parte di loro vive nella provincia del Khuzestan, la cui capitale è Ahvaz, nel Sud dell'Iran, al confine con il Kuwait, ed è stato in questa provincia, e precisamente a Masjed Soleyman, a nord di Ahvaz, che nel 1908 fu scoperto il primo grande giacimento petrolifero persiano. Da quello che dicono gli abitanti di questa città, dall'aspetto sorprendentemente dimesso considerando la ricchezza sulla quale camminano, scoprire il petrolio non deve essere stato troppo difficile, visto che ancora oggi affiora dal terreno nelle zone non coperte dall'asfalto.

I Bakhtiari che vivono a Masjed Soleyman sono molto adirati con il governo, perché ritengono di non essere stati adeguatamente ricompensati per aver scoperto il petrolio.

Questa tribù è stata la prima a usare la popolazione evolutiva di orzo, di cui parleremo più avanti, come foraggio per le pecore, notando immediatamente un miglioramento nella qualità del latte, più denso e cremoso di quello prodotto fino ad allora dalle stesse pecore. Questo fenomeno non è ancora stato analizzato e confermato con rigorosi metodi di laboratorio, e non abbiamo avuto finora l'opportunità di verificarlo altrove.

Abdu e Ali, i contadini innovatori

Ai contadini siriani in genere non piacciono i campi eterogenei, ma amano vedere distese molto uniformi, e questo vale per tutte le loro colture.

Un giorno, mentre bevevamo un tè con un gruppo di contadini curdi in un villaggio a nord-est di Aleppo – al-Bab, «la porta» in arabo –, uno di loro, Abdu, ci disse che aveva iniziato a seminare un miscuglio di due varietà di orzo molto diverse tra loro: una a due file, suscettibile all'allettamento ma resistente alla siccità, e una a sei file, resistente all'allettamento e molto produttiva negli anni piovosi. Quando gli chiedemmo perché lo avesse fatto, rispose che aveva imparato a conoscere le caratteristiche delle due varietà durante gli esperimenti che conducevamo insieme nel suo campo con il programma di miglioramento genetico partecipativo.

Aveva poi pensato – poiché nel momento in cui si semina, di solito verso ottobre o novembre, non si può ancora sapere se la stagione sarà asciutta o piovosa – che una miscela di quelle due varietà avrebbe potuto essere una buona strategia per stabilizzare i raccolti da un anno all'altro.

La cosa interessante era che Abdu, in realtà, non aveva il coraggio di dircelo. Avevamo infatti notato che borbottava qualcosa sottovoce al nostro traduttore; fu quest'ultimo, prevedendo che la cosa ci avrebbe fatto piacere, a incoraggiarlo a parlare.

Ovviamente raccontammo la storia di Abdu anche agli altri contadini: uno di loro, Ali, nel suo villaggio (Umm Al Amad, tra Hama e Homs) aveva iniziato a mescolare il seme di ciò che era rimasto dell'esperimento dopo che noi avevamo fatto i nostri campionamenti per misurare la resa. Dopo aver scoperto che il miscuglio era più produttivo delle altre varietà, lo chiamò Yana.

Durante i tre anni successivi, altri contadini riferirono che i miscugli producevano più di tutte le altre varietà, quindi cominciammo a inserire miscele sperimentali all'interno del programma, che si sviluppò in seguito nel miglioramento genetico evolutivo, di cui parleremo più avanti.

YUSRA E IL TRITICALE

Yusra è una contadina molto speciale che vive a Sakhra, un piccolo villaggio nel Nord della Giordania, in una zona nota ai turisti per il castello di Ajlun che, come tutti i castelli in questa regione del mondo, ha una storia molto complessa.

Yusra è stata molto attiva in tutte le iniziative di miglioramento genetico partecipativo in Giordania, intervenendo a varie conferenze e riunioni durante le quali è sempre stata una forte sostenitrice del progetto.

Ha fatto anche parte della missione di sole donne giordane in Siria, conclusasi con l'inizio della partecipazione delle donne siriane al programma di miglioramento genetico partecipativo nel loro paese.

Durante quella visita, Yusra vide per la prima volta piante di triticale. Il triticale è un ibrido tra frumento e segale, e deriva il suo nome da quelli latini delle due specie (*Triticum* e *Secale*, rispettivamente). È stato ottenuto per la prima volta in laboratorio agli inizi del secolo scorso, ma ha cominciato ad avere qualche successo intorno agli anni Sessanta, ed è coltivato in diversi paesi, soprattutto come mangime per polli. Noi avevamo deciso di usare il triticale, molto diverso dall'orzo, come divisorio tra gli esperimenti seminati nei campi dei contadini, per distinguerli facilmente gli uni dagli altri. Un giorno, mentre Yusra stava facendo la selezione, si accorse di queste piante molto diverse dal resto, e la sua attenzione andò subito alla paglia. Ci mostrò perché era rimasta così colpita: la paglia del triticale può essere piegata e ripiegata senza rompersi molto più facilmente di quella dell'orzo o del frumento, quindi poteva essere molto utile per il suo lavoro artigianale, in cui usava proprio la paglia per preparare cestini e altri oggetti simili, un'attività di cui non eravamo a conoscenza. Ci chiese subito un chilogrammo di seme di triticale e, tornata in Giordania, cominciò a coltivare una piccola superficie, che le forniva la paglia della qualità desiderata.

GHAZALE E LA MUCCA

Ghazale è una vedova di circa cinquant'anni (all'epoca in cui eravamo in Siria) che ha cresciuto e educato i suoi sei figli al lavoro agricolo. Vive a Laheta, nella provincia di Sweida, nel Sud della Siria. La vendita dei prodotti della sua mucca, rigorosamente alimentata a orzo, è l'unica fonte di reddito per la sua famiglia. Quando l'abbiamo conosciuta veniva da due anni difficili: la gravidanza della mucca, due anni consecutivi di scarsi raccolti dovuti alla siccità, cui si erano aggiunti i suoi problemi di salute, avevano avuto un forte impatto sull'economia famigliare, che aveva mostrato la sua vulnerabilità a eventi purtroppo frequenti in quella zona. Senza il raccolto di orzo e senza denaro sufficiente per acquistare granella o paglia, Ghazale era stata costretta a nutrire la sua mucca con gli avanzi di casa. La sua apprensione per la salute dell'animale e l'effetto negativo che l'alimentazione fatta di avanzi aveva avuto sulla qualità dei prodotti lattiero-caseari e sulla loro vendita peggiorarono la situazione.

Dopo aver partecipato a una serie di incontri con il gruppo di contadini che collaborava con noi nel villaggio, Ghazale venne a conoscenza dell'esistenza di varietà di orzo che sembravano produrre bene nei campi degli altri contadini del villaggio. Chiese quindi di partecipare al programma, convinta che le varietà migliorate già selezionate nel suo villaggio potessero aumentare l'affidabilità del raccolto e la resa, contribuendo al suo sostentamento e a quello della sua famiglia. Visto il suo interesse, le venne dato un sacco da 100 chilogrammi di seme di una delle nuove varietà, nella convinzione che, come avevano fatto gli altri contadini, lo avrebbe seminato per poi condividere il raccolto. Mesi dopo, e inconsapevoli della sua situazione famigliare e dei suoi problemi, le chiedemmo quanto avesse prodotto la nuova varietà e se fosse soddisfatta del raccolto. Lei ci guardò un po' titubante e ci disse: «Ma io il vostro seme non l'ho seminato, l'ho usato come mangime per la mucca!». Lì per lì ci rimanemmo male, ma poi capimmo: aveva fatto la scelta più ovvia. Per lei la mucca veniva prima di ogni altra cosa.

15

I semi del futuro: di miscuglio in miscuglio

La necessità di superare i limiti del miglioramento genetico partecipativo, unita al bisogno di trovare soluzioni rapide ed economiche ai problemi di adattamento al cambiamento climatico, ci ha portato a combinare partecipazione ed evoluzione, rispolverando l'idea del miglioramento genetico evolutivo. Rispolverando, perché questo metodo, pur essendo stato descritto in un articolo pubblicato negli Stati Uniti già nel 1956,[1] e pur essendo stato oggetto di numerose ricerche scientifiche, non era stato quasi mai messo in pratica.

Il metodo consiste nel creare popolazioni mescolando semi ottenuti incrociando tra loro diverse varietà; del numero parleremo più avanti, per poi lasciarle evolvere nei campi dei contadini seminandole e raccogliendole anno dopo anno. A causa degli incroci naturali, che avvengono con frequenza maggiore o minore a seconda del tipo di coltura, e della selezione naturale, la composizione genetica del seme che viene raccolto a ogni stagione non è mai uguale a quella del seme che era stato seminato. In altre parole, la popolazione si evolve adattandosi progressivamente all'ambiente in cui cresce (tipo e profondità del terreno, fertilità del suolo, pratiche agronomiche, precipitazioni, temperatura eccetera), motivo per cui si chiamano popolazioni evolutive.

La costituzione genetica di una popolazione evolutiva oscilla, dal momento che il clima cambia da un anno all'altro, ma se la tendenza a lungo termine è verso condizioni più calde e asciutte, come ci si aspetta, le piante meglio adattate a questa situazione diventano progressivamente più frequenti, anche se non sappiamo ancora con esattezza quanto più caldo e secco sarà il clima in futuro.

L'adattamento avviene gradualmente, anche perché la selezione naturale non opera in modo drastico come la selezione artificiale. Infatti, mentre con quest'ultima soltanto le piante scelte contribuiscono alla generazione successiva, la selezione naturale, a meno di eventi estremi, fa sì che le piante che in quel particolare momento e località hanno trovato le condizioni a loro favorevoli producano più semi, quindi la loro progenie sarà molto rappresentata l'anno successivo. Al contrario, quelle che trovano condizioni a loro sfavorevoli producono meno semi, ma non scompariranno del tutto e l'anno successivo la loro progenie sarà meno numerosa.

Tuttavia potrebbe benissimo accadere – e infatti è quello a cui stiamo assistendo in questi ultimi anni – che l'anno successivo sia molto diverso per piovosità, temperatura o entrambi, e che quindi le piante che discendono da quelle meno favorite l'anno precedente diventino quelle più favorite.

Una raccomandazione pratica che facciamo ai contadini è quella di non seminare mai tutto il seme raccolto, per evitare, nel caso di una catastrofe, di perdere anni e anni di evoluzione. Se le cose vanno bene, il seme conservato potrà essere rimescolato con il resto o utilizzato in altro modo.

Con le popolazioni evolutive usiamo il teorema fondamentale della selezione naturale a nostro vantaggio. Si noti che questo funziona solo se c'è sufficiente diversità genetica, per cui le varietà uniformi prodotte dal miglioramento genetico convenzionale, gli OGM, e le varietà prodotte con le NBT non possono evolversi perché sono costituite da piante tutte geneticamente uguali.

La grande diversità e il continuo variare di queste popolazioni sono un considerevole vantaggio. In queste condizioni, gli insetti e i funghi microscopici che causano le malattie non trovano facilmente piante suscettibili, ma solo qualcuna su cui alla fine riescono a riprodursi. Questo, da un lato, provoca danni trascurabili alla popolazione evolutiva, perché solo poche piante vengono danneggiate (tanto trascurabili da non richiedere alcun intervento chimico); dall'altro, consentendo a insetti e funghi di riprodursi, non selezionano quelli più aggressivi, come invece succede con gli OGM, le varietà prodotte con le NBT, ma anche con le varietà uniformi prodotte dal miglioramento genetico convenzionale. Quindi il miglioramento genetico evolutivo da una parte rappresenta una soluzione permanente, o più durevole, di quelle proposte dalle biotecnologie, e dall'altra, riducendo o eliminando la necessità del controllo chimico, è una soluzione più ecologica e facilita di molto il lavoro dei contadini che praticano l'agricoltura biologica.

Poiché la competizione tra piante di diversa altezza favorisce quelle più alte – un fenomeno ben noto a chi si occupa di evoluzione –, le popolazioni evolutive tendono a essere molto più alte delle varietà moderne, particolarmente nel caso dei cereali, e la maggior ombra che riescono a proiettare sul terreno ha il vantaggio di ostacolare la crescita delle infestanti, un'altra caratteristica molto utile per chi pratica l'agricoltura biologica e sa bene quanto serio sia questo problema. Sempre riguardo alle infestanti, alcuni contadini hanno notato che la capacità delle popolazioni evolutive di cereali di controllarle può essere notevolmente accresciuta abbandonando la pratica della semina a righe e tornando alla semina a spaglio con vari accorgimenti, dall'uso dello spandiconcime a varie modifiche delle comuni seminatrici.

Prima di continuare è bene fare una distinzione tra «popolazioni», il termine che abbiamo usato finora, e «miscugli», che suona meglio e quindi tende a essere usato più spesso e come sinonimo di popolazioni, anche se sinonimo non è. Un miscuglio, a differenza della popolazione, è fatto semplicemente mescolando i semi, in genere in numero o peso uguali, di un certo numero di varietà. Tale distinzione è importante perché, a parità di altri fattori, l'evoluzione dei miscugli non avviene con la stessa rapidità di quella delle popolazioni. In una popolazione, visto il modo in cui viene costituita, appaiono molto più in fretta nuovi tipi, mentre in un miscuglio la velocità dipende dalla coltura.

Nello specifico, nelle piante che normalmente si autofecondano (come per esempio frumento, orzo, riso, pomodoro), una volta che il miscuglio è stato fatto ed è stato seminato, la possibilità che compaiano nuovi individui, diversi dalle varietà che sono state mescolate, è legata a quella piccola percentuale di incrocio (circa il 2-4% o anche meno, come nel caso del pomodoro) tipica di queste piante. Ecco perché il miscuglio si evolve più lentamente di una popolazione. Ci sono degli esperimenti che dimostrano che questa percentuale può essere aumentata seminando il miscuglio in condizioni di stress, per esempio su un pendio dove l'acqua tende a scorrere via senza penetrare nel terreno.

Invece, in una specie in cui normalmente le piante si incrociano le une con le altre, come per esempio il granturco o lo zucchino, una volta che il miscuglio viene seminato, le piante si incrociano tra loro e il seme che si raccoglie il primo anno da un miscuglio è di fatto una popolazione. La differenza tra una popolazione derivata da un miscuglio e una costituita da noi facendo degli incroci è che nel secondo caso tutte le varietà contribuiscono alla popolazione evolutiva, mentre lasciando tutto all'impollinazione libera quelle che fioriscono troppo tardi o troppo presto rischiano di non contribuire come le altre o di non contribuire affatto alla popolazione dell'anno successivo.

Prima di terminare questa digressione terminologica, è bene avere presente due cose.

La prima è che mescolare non significa perdere l'identità di ciò che si mescola: questa è di solito la prima grande preoccupazione di chi pensa di avere a cuore la conservazione delle vecchie varietà, ossia quelle che, nel caso del frumento, vengono chiamate «grani antichi». Si pensa cioè che mescolando le varietà o i prodotti dei loro incroci queste scompaiano. Intanto, se si conoscesse un po' di genetica, sarebbe ovvio che mescolare significa forse perdere i nomi, ma non di certo i geni. Poi, dal punto di vista pratico, non si mescola mai tutto il seme che si possiede, men che meno lo si utilizza per intero per fare incroci per i quali occorrono solo poche piante. Quindi fare miscugli o costituire popolazioni non significa perdere, per esempio, una collezione di grani antichi. Si potrebbe aggiungere che, mescolandoli o utilizzandoli per fare una popolazione evolutiva, si dà forse una possibilità in più ai geni che possiedono di rimanere disponibili alle generazioni future.

La seconda cosa è che, se si mescolano semi di ibridi commerciali F_1 disponibili sul mercato, come nel caso di molte ortive e del granturco, di fatto si costituisce una popolazione evolutiva, seppure con alcune differenze, a seconda che si tratti di piante che naturalmente si incrociano o di piante che naturalmente si autofecondano.

La scienza delle popolazioni evolutive e dei miscugli

Anche se l'uso del termine «miglioramento genetico evolutivo» si fa risalire, come detto prima, all'articolo del 1956 dell'agronomo americano Coit Suneson, la scienza delle popolazioni evolutive era già cominciata nel 1929 a opera di Harry Harlan e Mary Martini, lui agronomo e lei botanica, entrambi esperti di orzo nell'ufficio dei cereali e della protezione delle piante del Dipartimento di Agricoltura a Washington D.C., negli Stati Uniti.[2]

Loro usarono un termine diverso, e in realtà si potrebbe dire che, piuttosto che sperimentare, buttarono là l'idea di quello che sarebbe diventato il miglioramento genetico evolutivo. Infatti, prima esaminarono circa cinquemila varietà di orzo provenienti da tutto il mondo, poi ne selezionarono ventotto che combinavano due caratteristiche: riuscivano a crescere nelle condizioni degli Stati Uniti e allo stesso tempo avevano un'origine molto diversa, provenendo da Europa, Russia, Egitto, Armenia, India, Manciuria e Cina. Infine, fecero tutti i 378 diversi incroci possibili e decisero di mescolare il seme ottenuto. Harlan e Martini conclusero la loro pubblicazione dicendo che probabilmente nessuna delle ventotto varietà che avevano scelto per gli incroci avrebbe meritato qualche attenzione, e che nessuna di esse sarebbe mai stata coltivata negli Stati Uniti, mentre invece, tra i prodotti degli incroci, sarebbero potute emergere delle qualità nuove.

Qualche anno dopo, gli stessi ricercatori fecero un esperimento molto importante, che pubblicarono nel 1938 e che dimostrava come, seminando miscugli di diverse varietà in località differenti, la composizione dei miscugli cambiasse rapidamente, perché in alcune zone diventava predominante una varietà, in altre un'altra, in altre ancora un gruppo di quattro o cinque oscurava le restanti mentre alcune scomparivano del tutto.[3]

Fu soprattutto in Canada e in California, all'Università di Davis, che vennero pubblicati i lavori scientifici più importanti sul miglioramento genetico evolutivo. In particolare, a Davis, uno degli scienziati che maggiormente hanno contribuito a questa scienza è Robert Allard, il quale ha anche scritto un libro che, tradotto nella nostra lingua, è stato il testo dal quale qualche generazione di studenti italiani ha appreso il miglioramento genetico.[4]

La ricerca sulle popolazioni evolutive si è diffusa anche in Europa e un precursore dell'impiego pratico dei miscugli è stato un ricercatore inglese, Martin Wolfe, il quale purtroppo è scomparso proprio mentre stavamo scrivendo questo libro.

Già a metà degli anni Ottanta, Wolfe era una voce molto critica nei confronti della pratica di usare, nel miglioramento genetico, fonti di resistenza alle malattie basate su singoli geni (ne abbiamo già parlato a proposito degli OGM e del teorema fondamentale della selezione naturale). A coloro che obiettavano che il problema dell'insorgere di razze di funghi capaci di superare la resistenza delle piante poteva essere risolto combinando diversi geni per la resistenza in una singola pianta, rispondeva: «State creando le condizioni ideali per un disastro, perché il patogeno si adatterà molto rapidamente alla resistenza combinata dell'ospite».[5]

Martin Wolfe fu tra i primi a esplorare il vantaggio dei miscugli nell'allora Europa dell'Est usando l'orzo da birra. Questi si diffusero rapidamente in Polonia su oltre 10.000 ettari e particolarmente nella Germania dell'Est, dove vennero introdotti nel 1984. Il successo fu dovuto alla formulazione specifica per la resistenza all'oidio e per la qualità maltaria. Alla fine degli anni Ottanta, nella Germania dell'Est, i miscugli coprivano pressoché tutta la superficie coltivata a orzo primaverile da birra (oltre 300.000 ettari), con una riduzione dell'incidenza della malattia dal 50% al 10%, mentre l'uso dei fungicidi si era ridotto a un solo trattamento su oltre 100.000 ettari.[6] Non vi fu una diminuzione della produzione, mentre la qualità del malto era considerata soddisfacente.

Con l'unificazione della Germania, il progetto fu abbandonato perché le malterie dell'Europa dell'Ovest preferivano il malto ottenuto da singole varietà, anche se trattate con fungicidi.

Le ricerche sulle popolazioni evolutive sono ancora in corso, per esempio in Francia, Regno Unito, Germania e Italia dove, mentre scriviamo questo libro, se ne stanno occupando le Università di Firenze, Bologna e Perugia.

Tali studi, che ormai proseguono da quasi novant'anni, hanno dimostrato che le popolazioni si evolvono in diversi modi.

1. Adattando la fioritura alle condizioni in cui sono coltivate. Per esempio, la stessa popolazione evolutiva seminata anno dopo anno da contadini in località diverse con il tempo si adatta, maturando prima nelle zone con una frequenza maggiore di anni siccitosi o più caldi e diventando più tardiva nelle località più fredde e piovose.
2. Aumentando la produzione. Di questo aspetto esistono numerose prove scientifiche su specie diverse quali orzo, frumento e fagioli. La ricerca ha dimostrato che la produzione delle popolazioni evolutive continua ad aumentare nel corso delle successive generazioni. È interessante notare come molte di queste ricerche siano state condotte su specie autogame, nelle quali il potenziale evolutivo è inferiore rispetto alle specie allogame.
3. Aumentando la stabilità della produzione da un anno all'altro. Sono stati condotti esperimenti molto sofisticati che hanno dimostrato che la resa delle popolazioni evolutive nel corso del tempo, cioè da un anno all'altro

nella stessa località, è superiore a quella dei miscugli, la cui stabilità è a sua volta superiore a quella delle varietà uniformi. Tuttavia le popolazioni evolutive non sono stabili nello spazio, cioè in diverse località, probabilmente perché si adattano sempre meglio a un luogo specifico e di conseguenza diventano sempre meno adeguate per altre zone. In altre parole, la stessa popolazione evolutiva seminata in tante località diverse, dopo un certo numero di anni si frammenta, per così dire, in tante popolazioni differenti, contribuendo così all'aumento dell'agrobiodiversità. Questo effetto stabilizzante della diversità può essere messo in relazione a una teoria matematica conosciuta come «teoria del portafoglio» ed elaborata da Harry Markowitz nel 1952, che è alla base della strategia di investimento finanziario a basso rischio con un «portafoglio diversificato». Markowitz dimostrò il valore della diversificazione nel ridurre i rischi, e quindi l'importanza della selezione di un portafoglio efficiente: portafogli diversificati tendono a produrre ricavi più stabili di quelli semplici, nonostante la variabilità delle singole componenti.[7] Questa teoria, applicata all'ecologia e all'evoluzione, dà importanti indicazioni su come gli ecosistemi sono organizzati e su come le specie interagiscono tra loro e sviluppano strategie evolutive. Infatti, negli stessi anni in cui Markowitz formulava la sua teoria, gli ecologisti affermavano che le comunità biologiche ricche di specie risentono meno delle perturbazioni esterne. In seguito, David Tilman e John Downing hanno studiato l'«effetto portafoglio» osservando la resistenza alla siccità dei prati naturali, il che li ha portati ad affermare: «Biodiversità genera stabilità».[8] Una rianalisi dei loro dati ha rivelato che questo era il risultato della media statistica tra specie che non variavano in modo sincrono nel corso del tempo, come nei portafogli finanziari diversificati. L'ipotesi per cui a maggior diversità corrisponde maggior stabilità è stata saggiata anche recentemente da Delphine Renard e David Tilman, che hanno analizzato le produzioni di 176 colture in 91 paesi dal 1961 al 2010. I loro dati indicano che a una maggior diversità di colture a livello nazionale corrisponde una maggior stabilità della produzione agricola nel tempo. Lo stesso lavoro dimostra anche l'effetto destabilizzante della variabilità delle precipitazioni e delle temperature.[9] Messa in questi termini, una popolazione evolutiva può essere definita «portafoglio vegetale», con il vantaggio, rispetto a un portafoglio finanziario, di evolversi da sola in risposta alla volatilità del mercato, cioè le variazioni di temperatura e piovosità.

4. Diventando più resistenti alle malattie. Questo vantaggio, che si riscontra sia nelle popolazioni evolutive sia nei miscugli, è quello più frequentemente analizzato e dimostrato dalla ricerca scientifica, tanto è vero che i patologi e gli entomologi vegetali hanno sempre identificato nella diversità l'arma migliore per contrastare, senza ricorrere ai pesticidi, sia le malattie delle piante sia gli insetti nocivi. In alcuni casi, per esempio con il riso, non c'è nemmeno bisogno di costituire miscugli o popolazioni. Un esperimento in Cina ha dimostrato infatti che è sufficiente alternare varietà diverse nello stesso campo per ridurre l'incidenza delle malattie e di conseguenza aumentare la produzione.
5. Diventando più alte. Questo effetto della competizione nelle popolazioni evolutive, molto noto a chi si occupa di evoluzione a livello teorico, è stato giudicato da alcuni scienziati un aspetto negativo del miglioramento genetico evolutivo, perché va contro la tendenza

> di tutto il miglioramento genetico moderno dei cereali verso una riduzione dell'altezza per consentire alle piante di resistere all'allettamento anche quando sottoposte ad abbondanti concimazioni. Come già accennato, si tratta invece di un vantaggio notevole per l'agricoltura biologica, perché le piante alte controllano meglio le infestanti. Inoltre, i concimi usati in questo tipo di coltura sono diversi e più leggeri, eliminando il problema dell'allettamento. Noi siamo coinvolti in prima persona in alcune di queste ricerche.

Per quanto riguarda quali e quante varietà mescolare o incrociare, la scelta dipende dagli obiettivi dei contadini e dalle caratteristiche della coltura. Per esempio, se la resistenza alle malattie è uno degli scopi da conseguire, una o più varietà della popolazione evolutiva o del miscuglio dovranno possedere i geni per la resistenza alle malattie. La selezione naturale non è efficace per quanto riguarda la qualità (ovvero il gusto, il tempo di cottura o il contenuto di sostanze nutritive), quindi, se questa è un obiettivo importante, deve essere già presente nelle varietà di partenza. In colture come fagioli, ceci, lenticchie, riso e altre, in cui il tempo di cottura può differire considerevolmente tra le varietà, è necessario mescolare tipologie con tempi di cottura simili. In una coltura come il riso, dove la combinazione di larghezza e lunghezza della cariosside classifica tipi con diverso valore commerciale e destinazione, le caratteristiche devono essere considerate nella selezione dei componenti di un miscuglio o di una popolazione.

Ci sono molti altri aspetti estremamente interessanti dei numerosi studi realizzati sulle popolazioni evolutive e sui miscugli, ma qui ci premeva far notare, sia pur brevemente, su quanta ricerca si basi il miglioramento genetico evolutivo e per quanto tempo sia stata condotta. Questo perché, anche nel caso del miglioramento genetico evolutivo, ci sono stati diversi tentativi, che appaiono di tanto in tanto sulla stampa, di criticarlo per la sua «mancanza di basi scientifiche».

Uno dei problemi della diffusione del miglioramento genetico evolutivo ha riguardato proprio la ricerca, che è stata condotta in paesi diversi per lungo tempo, ma non si è quasi mai tradotta in una vera e propria innovazione colturale da cui i contadini potessero trarre beneficio (escluso l'esempio dei miscugli di Wolfe, che a lungo è rimasto un caso isolato di applicazione pratica).

Nel 2008, presso l'ICARDA in Siria, grazie a una grande banca del germoplasma presente nel centro in cui lavoravamo e a tre programmi internazionali di miglioramento genetico dove si facevano tantissimi incroci e si producevano migliaia di linee in selezione, costituimmo una popolazione evolutiva di orzo mescolando i semi di circa 1600 F_2 (i semi raccolti dalla coltivazione delle F_1 – con F_1 si indica la prima generazione filiale dopo l'incrocio – ottenute appunto da circa 1600 incroci tra 296 varietà di orzo di tutto il mondo, incluso il progenitore selvatico dell'orzo). In questo caso, a differenza di altri, non facemmo tutti gli incroci tra le 296 varietà. Nel 2009, invece, costituimmo una popolazione evolutiva di frumento duro mescolando i semi di 700 F_2 e una popolazione evolutiva di frumento tenero mescolando i semi di 2000 F_2, F_3 e F_4 (le F_3 e le F_4 sono le discendenti delle F_2 e delle F_3, rispettivamente).

Queste tre popolazioni evolutive furono quindi la nostra risposta all'atteggiamento delle istituzioni nei confronti della ricerca partecipativa, di cui abbiamo già parlato. Infatti esse vennero costituite con l'obiettivo di fornire ai contadini dei campioni di seme che contenessero la maggior diversità possibile, in grado di cambiare nel tempo e di adattarsi ad ambienti molto differenti, e allo stesso tempo utili come base per un'ulteriore selezione. La gestione delle popolazioni evolutive da parte dei contadini potrebbe beneficiare moltissimo da un'eventuale partecipazione delle istituzioni. Tuttavia, a differenza del miglioramento genetico partecipativo, ciò non è indispensabile e questo rende il miglioramento genetico evolutivo più sostenibile.

Mandammo il seme di queste popolazioni evolutive solo in alcuni dei paesi nei quali avevamo praticato il miglioramento genetico partecipativo (non ne avevamo per tutti): Siria, Giordania, Algeria, Eritrea e Iran per l'orzo; Marocco, Algeria, Giordania e Siria per le due popolazioni di frumento. I contadini di questi paesi avevano una grande dimestichezza con la gestione della diversità, acquisita e affinata durante gli anni in cui avevano collaborato al programma di miglioramento genetico partecipativo. Secondo le nostre aspettative, non avrebbero avuto difficoltà a cogliere i vantaggi delle popolazioni evolutive, che potevano gestire in completa autonomia.

Uno dei paesi in cui l'idea del «coltivare diversità» fu salutata con maggiore interesse fu l'Iran, dove anche il miglioramento genetico partecipativo era stato accolto molto bene, come abbiamo detto parlando dei contadini di Garmsar e di Mr. Roointan. Questo anche per la pressoché nulla collaborazione delle istituzioni al programma di miglioramento genetico partecipativo.

Quando la popolazione di orzo arrivò in Iran, a ottobre del 2008, le nostre raccomandazioni allo staff di CENESTA erano che il seme (circa 25 chili) fosse distribuito tra cinque contadini. Invece un paio di essi se ne appropriarono, avanzando come scusa il fatto che seminare una piccola quantità di seme era problematico. Se lo divisero quindi tra di loro e lo seminarono nei propri campi. Bisogna dire che ne parlarono nei rispettivi villaggi, per cui a tutti i contadini interessati venne poi distribuito un po' del seme del raccolto.

L'effetto più importante della popolazione evolutiva di orzo in Iran fu la reazione di un ricercatore locale, Reza Haghparast, l'unico in tutto l'Iran ad aver collaborato con noi nel miglioramento genetico partecipativo.

Reza, in una delle rare occasioni in cui visitammo l'Iran e Kermanshah insieme – precisiamo insieme, perché in uno dei viaggi in Iran ci è capitato di arrivare insieme a Teheran, separarci all'aeroporto per visitare il paese in località diverse e ritrovarci il giorno prima della partenza di nuovo a Teheran –, ci invitò a cena a casa sua, e quella fu una delle prime volte in cui ci rendemmo conto di persona dello sdoppiamento di vita a cui si sottopongono le donne iraniane, alternando giornalmente una vita privata tra le mura domestiche identica a quella occidentale e una vita pubblica piena di restrizioni.

Reza era molto interessato alle popolazioni evolutive e cominciò subito a prepararne altre, ma questa volta utilizzando il frumento tenero del suo programma di miglioramento genetico. A quel tempo lui era il responsabile del programma cereali nella stazione sperimentale di Sararood, nei pressi di Kermanshah, dell'istituto per la ricerca agricola nelle zone aride. A Karaj, presso Teheran, c'è invece l'istituto che si occupa di ricerca agricola nelle zone irrigate, quello che forniva nuove varietà ai contadini di Garmsar.

Quindi, sia pure in quantità minore rispetto a noi, anche lui aveva a disposizione molti incroci: centinaia piuttosto che migliaia, con i quali cominciò a produrre la prima popolazione evolutiva di frumento tenero.

Il frumento tenero in Iran è coltivato su circa 6 milioni di ettari, due terzi dei quali in asciutto e un terzo in irriguo. È una coltura politicamente strategica, perché l'Iran, dopo aver raggiunto l'autosufficienza nella produzione di frumento, ha attraversato periodi di siccità durante i quali è tornato a essere un paese fortemente importatore. Fa quindi di tutto per essere autosufficiente usando in maniera estesa la chimica e l'irrigazione.

Fu con questa popolazione, che quindi non aveva nulla a che fare con quella di frumento che noi avevamo costituito in Siria, che ottenemmo il primo finanziamento dall'International Fund for Agricultural Development (IFAD, Fondo internazionale per lo sviluppo agricolo) per fare miglioramento genetico evolutivo. Il finanziamento comprendeva anche la popolazione evolutiva di orzo. Il progetto fu approvato con qualche difficoltà, dato che secondo l'istituto donatore i tre anni previsti non sarebbero stati sufficienti perché un programma basato sull'evoluzione producesse effetti concreti. Riuscimmo alla fine a spuntarla, sostenendo che, nella peggiore delle ipotesi, al termine del progetto avremmo lasciato nelle mani di un certo numero di contadini iraniani una vera e propria banca del germoplasma vivente e in evoluzione, con la quale avrebbero potuto continuare la selezione.

Questo programma ebbe un'importanza strategica e fu uno dei primi a livello internazionale a occuparsi di coltivare diversità quasi in contemporanea con un progetto europeo. L'acronimo di quest'ultimo era SOLIBAM, dal nome esteso Strategies for Organic and Low-input Integrated Breeding And Management, che operò dal 2010 al 2014.

Il progetto SOLIBAM, sviluppato e implementato in parte con il nostro contributo, cominciò la sua attività in un periodo molto delicato per noi, perché coincideva con la nostra decisione di lasciare l'ICARDA e quindi la Siria dopo quasi trent'anni passati in quel paese bellissimo e sfortunato.

Un aspetto importante del progetto IFAD in Iran, oltre alla rapida e inaspettata diffusione delle popolazioni evolutive, sia di orzo dalla Siria sia di frumento tenero, messa a punto in Iran, fu il conseguimento di due risultati inattesi e non pianificati. Il primo lo abbiamo già citato nella storia dei nomadi Bakhtiari, nel Khuzestan, parlando del miglioramento della qualità del latte conseguente all'uso della popolazione evolutiva di orzo come mangime per le pecore. Il secondo, che ha avuto numerose conferme, particolarmente in Italia con la popolazione distribuita attraverso il progetto SOLIBAM, riguarda il pane ottenuto con la popolazione evolutiva di frumento tenero di Reza Haghparast.

Nel villaggio di Eyvanekey, circa 80 chilometri a sud-est di Teheran, un gruppo di donne decise di panificare la farina della popolazione evolutiva. Si dice che non sia stato facile all'inizio e che siano dovute tornare alle pratiche tradizionali per riuscire a fare il pane piatto, tipico della zona. Una volta messo in vendita presso un forno del villaggio, ebbe un successo immediato. Chi aveva problemi di digestione dopo averlo consumato diceva che era facilmente digeribile e non causava problemi a chi era intollerante al glutine, oltre a essere molto buono. Diventò rapidamente un affare commerciale che dura tuttora e che è stato riproposto nella provincia di Kermanshah.

L'esperienza dei contadini iraniani, i quali già ci avevano parlato dei vantaggi agronomici delle popolazioni evolutive, aggiunge un tassello in più, indicando che coltivare diversità può anche diventare economicamente conveniente.

Le popolazioni evolutive sbarcano in Italia

Mentre succedeva tutto questo in Iran e noi lasciavamo la Siria per andare in Francia e poi da lì in India, le tre popolazioni evolutive che avevamo costituito erano già arrivate in Italia, grazie all'Associazione italiana per l'agricoltura biologica (AIAB) e a Rete Semi Rurali nell'ambito del progetto europeo SOLIBAM.

Una piccola quantità di seme della popolazione evolutiva di frumento tenero venne data a tre contadini in altrettante regioni, e una quantità simile della popolazione evolutiva di frumento duro venne data a due contadini in altrettante regioni. Lo stesso venne fatto con la popolazione evolutiva di orzo, data a quattro contadini.

Da quel momento le tre popolazioni hanno cominciato a diffondersi grazie a scambi informali di seme da parte di chi ne aveva a chi ne faceva richiesta. La velocità di questi passaggi è stata varia: per esempio, uno dei quattro contadini che avevano ricevuto il primo campione di seme della popolazione evolutiva di orzo donò parte del raccolto addirittura ad altri sei contadini, mentre gli altri lo tennero tutto per sé.

Delle tre popolazioni, quella che si è diffusa con maggior rapidità è stata quella di frumento tenero che, nel 2018, era coltivata da uno o più contadini in quasi ogni regione d'Italia, dal Piemonte alla Lombardia, dal Friuli alla Toscana, dal Molise alla Basilicata alla Sicilia e alla Sardegna.

Il processo di espansione è stato monitorato da Rete Semi Rurali, che ne ha facilitato e continua a facilitarne la diffusione tramite periodiche riunioni, ma anche grazie a un nuovo progetto europeo approvato quando SOLIBAM è terminato. Questo, chiamato DIVERSIFOOD, estratto dal nome in inglese *embedding crop DIVERSIty and networking for local high quality FOOD systems*, è iniziato nel 2015 ed è terminato a febbraio del 2019. Pur continuando concettualmente quanto cominciato da SOLIBAM, ha messo l'accento in modo più chiaro ed esplicito sulle relazioni tra diversità coltivata e qualità del cibo.

È stato soprattutto nell'ambito di questo progetto che le popolazioni evolutive che erano arrivate dalla Siria, e che nel frattempo erano state coltivate per alcuni anni in diverse regioni italiane, hanno cominciato da una parte a essere studiate e dall'altra a essere impiegate per venire trasformate in pane e pasta, cioè in pratica mangiate! Questo è accaduto prima con la popolazione evolutiva di frumento tenero e poi con quella di frumento duro.

L'esperimento con la popolazione evolutiva di frumento tenero ha confermato quello che si poteva prevedere sulla base di gran parte delle ricerche precedenti. È stato comunque interessante vedere in che misura la popolazione che si era evoluta in Sicilia dopo cinque anni si fosse differenziata da quella che, partendo dallo stesso lotto iniziale di seme, si era evoluta in Toscana. Quando queste due popolazioni venivano coltivate una accanto all'altra in Sicilia, il risultato era che quella evoluta nella regione produceva più di quella evoluta in Toscana, viceversa se entrambe venivano coltivate in Toscana.

Prima dell'esperimento, si è scoperto che il contadino che aveva coltivato la popolazione evolutiva in Toscana, nel corso del primo anno aveva selezionato, insieme a un paio di amici, un certo numero di spighe, scegliendo quelle che pensava fossero le più belle. Le aveva poi trebbiate a parte e con il seme ottenuto aveva creato una popolazione selezionata che aveva continuato a evolversi parallelamente e indipendentemente da quella originaria.

Nell'esperimento era inclusa anche la popolazione selezionata ed è stato molto interessante osservare che, in Toscana, questa è stata, come media dei primi tre anni di prova, la più produttiva in assoluto. Ciò dimostra che, mentre le ricerche di cui abbiamo parlato finora hanno ampiamente accertato che la selezione naturale è un potente meccanismo che fa evolvere le popolazioni verso una maggiore produzione, un contadino può a sua volta, autonomamente, accelerare questo processo e indirizzarlo verso il tipo di pianta che preferisce, spendendo del tempo nel campo per scegliere, nel caso del frumento, le spighe più belle, proprio come consigliava Webber nel 1908. Questo ovviamente si può fare con qualsiasi coltura, sia pure con tecniche diverse.

A questo punto è evidente che un altro beneficio delle popolazioni evolutive, oltre a quelli agronomici, è di consentire al contadino di «riappropriarsi del seme», non tanto per motivi ideologici, quanto per motivi biologici, perché non ci potrà essere del seme migliore di quello che si evolve continuamente nel suo campo adattandosi alla perfezione non solo al clima e al terreno, ma anche al suo modo di fare agricoltura. Tale beneficio è importante soprattutto se messo in relazione ad alcuni dei temi più attuali dell'agricoltura biologica: la mancanza di varietà adatte al biologico; le difficoltà del sistema sementiero odierno; i problemi del modello di miglioramento genetico convenzionale, incapace di colmare il vuoto varietale perché, come abbiamo già visto, è disegnato per un sistema agricolo basato sull'uniformità.

La mancanza di varietà per il biologico è un vuoto importante, perché è una delle cause del gap produttivo tra agricoltura biologica e agricoltura convenzionale e delle conseguenti differenze di prezzo dei rispettivi cibi. Le popolazioni evolutive, con o senza l'intervento del contadino, lo colmano in modo rapido, preciso ed economico. Non è azzardato dire che le popolazioni evolutive danno un significato biologico all'agricoltura di precisione.

Nel corso della diffusione delle popolazioni evolutive abbiamo dovuto constatare quanto esteso sia stato il fenomeno della dequalificazione descritto in precedenza parlando dell'introduzione degli ibridi di granturco negli Stati Uniti d'America. Infatti, mentre da una parte i contadini si riappropriavano del seme, dall'altra molti si accorgevano di aver perso le conoscenze necessarie relative al suo stoccaggio da un anno all'altro, anche nel caso della granella biologica destinata all'alimentazione.

Inoltre, l'abitudine a vedere sempre e solo uniformità, è probabilmente alla radice di una domanda che ci sentiamo fare spesso: «Come si fa a raccogliere in un campo dove le piante non maturano tutte contemporaneamente?». Il problema non è di così difficile soluzione come può sembrare: si aspetta che tutto sia maturo e poi si raccoglie. Ciò che può accadere è che le piante precoci disseminino e il loro seme vada perduto, il che può essere considerato un fatto negativo se si pensa che la precocità è un mezzo per sfuggire alla siccità. Tuttavia, raccogliendo quando tutto il campo è maturo, si pratica una forma di selezione delle piante che, pur essendo precoci, sono in grado di trattenere il seme nella spiga. Se poi il coltivatore è interessato alla precocità, può fare come ha fatto il contadino toscano, e cioè scegliere prima della raccolta tutte le spighe più precoci, trebbiarle a parte e costituire una popolazione selezionata dallo sviluppo molto rapido, che sarà preziosissima negli anni siccitosi. Inoltre in questo modo aumenterà la diversità nella sua azienda.

Un'altra domanda che ricorre spesso e alla quale invece non è facile rispondere è: «Ma queste popolazioni non tendono col tempo a diventare sempre più uniformi come conseguenza dell'adattamento a un luogo specifico?». Questo dipende da quanto varia è la popolazione iniziale. Ovviamente quelle con più diversità tendono a conservarla più a lungo di quelle più uniformi, e le popolazioni tendono a conservarla più a lungo di quanto non facciano i miscugli. Anche l'ambiente influisce: il succedersi di tanti anni siccitosi, per esempio, comporta che la selezione vada sempre nella stessa direzione, favorendo ogni anno lo stesso tipo di pianta, che quindi tende a diventare il più frequente. La variabilità climatica da un anno all'altro, spesso notevole, che si registra da un po' di tempo a questa parte, mentre da un lato è un fattore di disturbo, dall'altro tende a conservare la diversità, perché a ogni nuova stagione le piante favorite saranno diverse. Un meccanismo che combatte in modo efficace la riduzione della diversità all'interno delle popolazioni evolutive, e la conseguente riduzione della loro capacità di continuare a evolversi, è quello di tornare a scambiarsi di tanto in tanto il seme tra vicini, trasformando la coltivazione di popolazioni in un lavoro di comunità.

A pensarci bene, ciò significa che i contadini devono comportarsi tra loro come si comportano le piante di una popolazione o di un miscuglio con le loro vicine.

La partecipazione e le popolazioni evolutive

La diffusione delle popolazioni evolutive e della conoscenza dei vantaggi che offre il coltivarle si deve anche al fatto che gli esperimenti condotti in Italia, nell'ambito sia di vari progetti europei sia di iniziative regionali, sono stati esperimenti partecipati. Non si è trattato di miglioramento genetico partecipativo nel vero senso del termine, dato che alla fine di ogni anno non si selezionava e non si scartava nulla, anche perché uno degli scopi degli esperimenti era quello di valutare la stabilità delle popolazioni, cosa che si può fare soltanto ripetendoli per un certo numero di anni.

Quindi, ogni anno, nelle località dove era seminato l'esperimento, un nutrito gruppo di persone diverse da zona a zona esprimeva in forma numerica il proprio parere su tutte le parcelle, che venivano soltanto numerate senza indicare il nome della varietà o della popolazione, per evitare che questo potesse influenzarne il giudizio. In totale, in uno solo dei progetti nel corso di tre anni e in quattro località, oltre trecento persone hanno visitato gli esperimenti e hanno partecipato ai dibattiti e alle discussioni che facevano seguito alle valutazioni.

Ai partecipanti è stato inoltre richiesto di fornire a discrezione il proprio nome, la professione e il genere, in modo da poter disaggregare i risultati e valutare anche l'ipotesi che vi fossero delle differenze tra le preferenze associate al genere o alla professione (per esempio tra contadini, fornai, mugnai e ricercatori). Invariabilmente, durante queste visite, un certo numero di contadini aggiungeva il proprio nome anche alla lista di quelli che prenotavano il seme di una o più popolazioni evolutive per la propria azienda.

L'uso delle popolazioni evolutive nei cereali, oltre che da parte di quei contadini che si scambiavano in maniera informale il seme, si è diffuso, sempre a scopo di ricerca, anche in altre regioni italiane.

In Sardegna, nel 1999, un gruppo di donne ha dato avvio al Centro sperimentazione autosviluppo (CSA) Domusamigas nel Sulcis Iglesiente, una regione storicamente mineraria. Tra le varie attività, il CSA ha deciso nel 2015 di allestire in tre località degli esperimenti in collaborazione con le agenzie regionali Agris e Laore. Grazie a questi esperimenti, i contadini hanno potuto mettere a confronto popolazioni evolutive, miscugli, varietà tradizionali e moderne di frumento tenero, duro e orzo. È stata adottata una metodologia simile a quella utilizzata nel caso di SOLIBAM e DIVERSIFOOD, e anche qui ai partecipanti (contadini e non) è stata data la possibilità di esprimere il loro parere. In una delle località vi è stata anche una forte siccità che ha mostrato la superiorità di alcune delle vecchie varietà locali.

Uno degli eventi più interessanti si è verificato nel corso del primo anno: in uno dei campi l'esperimento, secondo il parere del contadino, era andato molto male, tanto che lui stesso era incerto se farcelo visitare oppure no. Il risultato si rivelò invece straordinariamente interessante: a prima vista c'erano soltanto poche parcelle, perché tutte le altre erano soffocate da piante infestanti molto spinose. Poi, guardando bene, notammo che tra le parcelle che se l'erano cavata benissimo, riuscendo a sopraffare le infestanti, alcune appartenevano alla popolazione evolutiva di frumento tenero arrivata dalla Siria e altre a una varietà tradizionale della Sardegna. Tutte le altre erano invece più basse delle infestanti. Questa fu l'occasione per introdurre l'idea della personalizzazione delle popolazioni evolutive, intesa come il processo per cui un contadino, convinto dei vantaggi della popolazione evolutiva, ma anche molto legato a una o più varietà tradizionali per diversi motivi, arricchisce, e così facendo personalizza, la popolazione evolutiva aggiungendo una certa quantità di seme della varietà che preferisce. Oggi quel contadino coltiva in Sardegna una popolazione personalizzata.

Come detto prima, la personalizzazione di una popolazione evolutiva o di un miscuglio non comporta la scomparsa della o delle varietà che vengono incrociate o mescolate.

Altri studi sulle popolazioni evolutive di frumento tenero e duro, con risvolti pratici, sono stati condotti in Emilia-Romagna attraverso progetti finanziati dalla Regione, presso l'Università di Bologna e presso la società Open Fields, con la collaborazione dell'Azienda Stuard e dell'Università di Parma.

La diffusione delle popolazioni di frumento ha subito un'accelerazione tra il 2017 e il 2018 grazie a una deroga approvata dalla Comunità Europea il 18 marzo 2014 che recita: «Una sperimentazione temporanea è organizzata a livello di Unione, allo scopo di valutare se la produzione, a fini di commercializzazione, e la commercializzazione, a determinate condizioni, delle sementi di popolazioni appartenenti alle specie *Avena* spp., *Hordeum* spp., *Triticum* spp. e *Zea mays* L. possano costituire un'alternativa migliore rispetto all'esclusione della commercializzazione delle sementi non conformi alle prescrizioni dell'articolo 2, paragrafo 1».

La sperimentazione autorizzata da questa deroga doveva cessare il 31 dicembre 2018, ma il 9 ottobre precedente è stata prorogata al 28 febbraio 2021.

Anche se solo per cinque specie – frumento tenero, frumento duro, orzo, avena e granturco –, la legge rappresenta una straordinaria innovazione, se non una vera e propria rivoluzione, perché per la prima volta viene autorizzata la vendita di semi di varietà non uniformi. Poiché la legge che prevede che le varietà debbano essere, come detto in precedenza, distinte, uniformi e stabili sottintende che l'uniformità garantisce anche la stabilità, la deroga riconosce implicitamente che le popolazioni non sono stabili. E questa non stabilità è proprio il requisito necessario ai semi del futuro.

In Italia, questa deroga è stata utilizzata per la prima volta nel 2017 chiedendo l'autorizzazione alla commercializzazione del seme delle prime due popolazioni evolutive di frumento tenero, cioè quelle che, dopo che il seme era arrivato dalla Siria, si erano evolute indipendentemente in Toscana e in Sicilia. L'autorizzazione ha consentito la diffusione delle popolazioni non più attraverso scambi informali di semi ma tramite la vendita di seme regolarmente cartellinato. Alla prima autorizzazione del 2017 ne sono seguite altre nel 2018, per cui mentre scriviamo vi sono otto popolazioni il cui seme è autorizzato per la vendita: tre di frumento tenero, quattro di frumento duro e una di orzo.

Oltre che ai cereali, l'uso delle popolazioni evolutive e dei miscugli si sta diffondendo in Italia anche ad alcune specie orticole. Una delle prime è stato lo zucchino, con la costituzione di una popolazione evolutiva ottenuta lasciando interincrociare liberamente undici ibridi commerciali, sfruttando la naturale impollinazione incrociata che caratterizza questa specie. È un classico esempio di una popolazione evolutiva che può essere costituita molto facilmente da un contadino: si va in uno o più negozi che vendono semi, si acquistano bustine di semi di zucchino assicurandosi che appartengano a ibridi diversi e, tornati a casa, si mescolano in un'insalatiera e si seminano. Si otterrà così un campo dove un occhio esperto è in grado di riconoscere i diversi ibridi, che non sono ancora una popolazione evolutiva, ma un miscuglio. Se si lascia almeno uno zucchino per pianta andare a maturità, si estraggono e si mescolano i semi dei diversi frutti e se ne semina un campione (nello zucchino ogni frutto produce tantissimi semi), si ottiene un campo i cui frutti danno un'immagine spettacolare della potenzialità evolutiva dei tanto vituperati ibridi commerciali. Infatti ciò di cui comunemente tutti i contadini si lamentano, e cioè che bisogna ricomprare il seme ibrido tutti gli anni perché se si risemina parte di quello prodotto si ottengono piante tutte diverse, è in realtà un'opportunità, perché consente di creare autonomamente una vera e propria popolazione evolutiva con un potenziale grosso modo proporzionale al numero di ibridi che si mescolano e alla diversità genetica che esiste tra loro.

La popolazione evolutiva di zucchino, oltre a mostrare come i contadini possano usare gli ibridi per trarne il massimo vantaggio possibile, è anche un esempio di successo commerciale: il contadino che per primo la coltivò si rese conto che utilizzarla allo scopo di fare selezione avrebbe comportato un impegno di tempo e costi per lui troppo elevati. Ha quindi provato a portare al mercato la popolazione in tutta la sua diversità, lasciando un po' di frutti sulle piante a raggiungere la completa maturazione per consentire alla popolazione di continuare a evolversi.

La decisione si è tradotta in un inaspettato successo perché i consumatori, pur essendo abituati a un prodotto uniforme, si sono molto interessati alla possibilità di scelta per forma, dimensioni e colore dei frutti che la popolazione offre, con il risultato che continua a vendere molto bene.

Oltre alle zucchine, vi sono ora miscugli di fagioli rampicanti in Basilicata, i cui componenti sono stati selezionati in base al tempo di cottura, una popolazione evolutiva di pomodoro in Emilia-Romagna, le cui varietà sono state scelte dai contadini di CampiAperti, mentre è da poco iniziato un nuovo progetto europeo nel quale la Rete Semi Rurali e il CREA (Consiglio per la ricerca in agricoltura e l'analisi dell'economia agraria) di Monsampolo del Tronto partecipano con due diverse popolazioni evolutive di pomodoro.

Ma anche la comunità internazionale, al di fuori dell'Europa, non è rimasta indifferente alle potenzialità delle popolazioni evolutive.

Dopo il successo del primo progetto finanziato in Iran, l'IFAD nel 2018 ha deciso di finanziarne uno quadriennale per promuovere e diffondere l'uso delle popolazioni evolutive in sei paesi – Uganda ed Etiopia in Africa, Giordania e Iran in Medio Oriente e Nepal e Bhutan in Asia – su colture di importanza strategica che differiscono da paese a paese, come il fagiolo (in Uganda, Nepal e Bhutan), il riso (in Iran, Nepal e Bhutan), e il frumento e l'orzo (in Iran, Giordania ed Etiopia). Noi siamo coinvolti in prima persona con attività di formazione per tecnici e ricercatori, programmazione degli esperimenti di campo e incontri con i contadini dei sei paesi.

Il cerchio si chiude: le popolazioni evolutive arrivano sulla tavola

Era già successo in Iran, ma nulla lasciava presagire che sarebbe accaduto anche in Italia.

Dopo alcuni anni di evoluzione, la popolazione evolutiva di frumento tenero arrivò, a novembre del 2014, nelle mani di diversi contadini marchigiani. Ad alcuni arrivò dalla Toscana, mentre ad altri dalla Sicilia.

Un mugnaio, il quale era già solito macinare alcune varietà tradizionali di frumento tenero utilizzando un molino a pietra alimentato ad acqua, acquistò circa 30 quintali della popolazione evolutiva di frumento tenero che si era evoluta in Sicilia e distribuì la maggior parte del seme a una decina di contadini che lo seminarono a novembre del 2014.

Quando lo conoscemmo, ci disse che dopo aver ricevuto il seme non lo distribuì tutto: una parte la macinò e sentì sprigionarsi dalla macina un profumo che non aveva mai sentito prima. L'esperienza però non si ripeté con il seme raccolto nel 2015.

Lui riforniva abitualmente di farina una cerchia di clienti, alcuni dei quali, fortemente intolleranti al glutine, avevano trovato una soluzione al loro problema panificando in casa con lievito madre le farine delle varietà tradizionali. Ma quando alcuni di loro cominciarono a fare il pane con la farina della popolazione evolutiva, e naturalmente con lievito madre, ritrovarono, insieme a uno straordinario sapore, il profumo che il mugnaio aveva sentito sprigionarsi dalla macina.

Un'altra caratteristica di questo pane, subito apprezzata e che compensa largamente il prezzo più alto, è la sua durata nel tempo con qualità pressoché intatte: lo si può tenere e consumare fino a sei o sette giorni dopo la panificazione. Quindi tornare a fare il pane in casa diventa compatibile con gli impegni di lavoro, perché ci si può limitare a farlo solo una volta alla settimana.

Ma che cosa ha di speciale questo pane? A parte il fatto che viene da una farina ottenuta da una popolazione di duemila componenti, non ne sappiamo ancora molto.

Lo si riconosce facilmente dall'aspetto per la mollica un po' più scura e, qualche volta, un po' più compatta di quella del pane che siamo abituati a mangiare. La compattezza della mollica dipende dalla durata della lievitazione: con una lievitazione lunga si ottiene la mollica alveolata che ci è più familiare.

Nel suo libro *Altri grani, altri pani*,[10] Laura Lazzaroni spiega come nel passare dai frumenti tradizionali a quelli moderni ci sia stata, per così dire, un'evoluzione del glutine. Non si tratta di quantità, ma piuttosto di qualità.

Una delle caratteristiche delle farine è la forza, che si misura con uno strumento di laboratorio che immette aria in un disco di impasto, ne fa una bolla e calcola quanta forza è necessaria per romperla (grosso modo quello che facciamo noi dopo aver masticato per un po' il chewing gum). Uno dei valori comunemente usati che si ottengono con questo strumento si indica con W (forza della farina) e può variare da circa 10-50 a 350-400. Con il passaggio dalle varietà tradizionali di frumento tenero a quelle moderne, questa forza è passata da circa 60-70 a oltre 300. Tale aumento ha consentito di adattare le farine alle tecniche industriali di produzione del pane, che prevedono l'uso di grandi quantità di impasto e di impastatrici che lo sottopongono a considerevoli stress meccanici, ai quali il glutine deve essere capace di resistere senza rompersi. È molto probabile che un glutine così resistente agli stress meccanici lo sia anche alla digestione, e questo potrebbe spiegare l'aumento del numero di persone che hanno difficoltà a digerire il pane o la pasta prodotti con i frumenti moderni.

Le farine che hanno un W intorno a 100-120 o inferiore, che sono appunto quelle delle varietà tradizionali, sono classificate come farine deboli e perfino non panificabili. Ci si potrebbe chiedere come abbiano fatto per migliaia di anni a panificare proprio con le farine di queste varietà: probabilmente perché lo si faceva a mano. La farina della popolazione evolutiva ha un W che la colloca molto più vicino alle varietà tradizionali che alle varietà moderne. Dal punto di vista analitico, non ne sappiamo molto di più e soprattutto non conosciamo il motivo per cui riesce a essere digerita dalle persone intolleranti al glutine, che sembrano essere sempre più numerose.

Gradualmente, mentre la coltivazione della popolazione evolutiva di frumento tenero si andava diffondendo, si ampliava anche il suo uso: nella panificazione, nella produzione di pizza e, a livello domestico, per torte e altri prodotti. Oggi ci sono forni, un po' in tutta Italia, che producono pane con questa farina o con farine di altre popolazioni o di miscugli: nel caso della popolazione evolutiva arrivata dalla Siria, sulle etichette si preferisce usare il termine «miscuglio», perché, come detto prima, suona meglio, anche se in realtà si tratta di una popolazione. A molti piace chiamare questa popolazione «miscuglio di Aleppo» e i suoi prodotti «farina di Aleppo» o «pane di Aleppo», perché è in quella città, in cui noi abbiamo abitato per circa trent'anni, che questa popolazione evolutiva è nata ed è da lì che poi si è diffusa.

La popolazione evolutiva di frumento duro ha cominciato a dare i suoi frutti qualche anno dopo quella di frumento tenero. Prima in un'azienda biologica in Molise e poi in due cooperative nelle Marche, la semola della popolazione di frumento duro ha cominciato a essere pastificata. Risolti i primi problemi, come la tendenza a rompersi durante la cottura, ne è scaturita una pasta di colore più scuro di quella commerciale, molto saporita e molto digeribile.

Le popolazioni evolutive, a giudicare da quello che sta accadendo in Italia con quelle di frumento (sia tenero sia duro) e quella di zucchine, sembrano prestarsi molto bene, senza che lo avessimo previsto, a essere gestite come colture. Questo è importante perché nella nostra iniziale visione la popolazione evolutiva avrebbe dovuto essere una riserva di biodiversità in continua evoluzione, dalla quale il contadino, da solo o insieme a un ricercatore, aggiungendo in questo caso una componente partecipativa al miglioramento genetico evolutivo, avrebbe selezionato nuove varietà o nuove popolazioni tutte le volte che ce ne fosse stato bisogno, mentre la popolazione evolutiva continuava a evolversi generando sempre nuova biodiversità e diventando sempre meglio adattata.

Questa gestione delle popolazioni evolutive richiede l'impiego da parte del contadino di un pezzo di terreno che genera sì nuova diversità, ma non reddito. Ciò non rappresenta un problema per le aziende grandi, né per i contadini lungimiranti (come un coltivatore iraniano che, alla domanda «Ma non ti preoccupa il fatto di dover lasciare un pezzo di terreno improduttivo per consentire alla popolazione di evolversi?», rispose: «Ma questo pezzo di terreno è un investimento nel mio futuro e in quello dei miei figli!»). Tuttavia per i contadini con poca terra bloccarne una parte in maniera improduttiva può essere un grosso problema. Questa gestione delle popolazioni evolutive avrebbe potuto quindi rivelarsi improponibile proprio per quei contadini che maggiormente hanno bisogno di biodiversità, perché più vulnerabili.

L'aver scoperto che la popolazione evolutiva può essere la coltura risolve brillantemente il problema, perché in questo modo lo stesso campo che genera a ogni semina nuova biodiversità genera anche reddito come seme (nel caso delle popolazioni autorizzate) o come prodotto trasformato.

Note

[1] Suneson C.A., *An Evolutionary Plant Breeding Method*, «Agronomy Journal», 1956, 48(4): 188-191.

[2] Harlan H.V., Martini M.L., *A Composite Hybrid Mixture*, «Journal of American Society of Agronomy», 1929, 21(4): 487-490.

[3] Harlan H.V., Martini M.L., *The Effect of Natural Selection in a Mixture of Barley Varieties*, «Journal of Agricultural Research», 1938, 57(3): 189-199.

[4] Allard R.W., *Principi di miglioramento genetico delle piante*, Edagricole, Bologna 2001.

[5] Wolfe M.S., *Trying to Understand and Control Powdery Mildew*, «Plant Pathology», 1984, 33(4): 451-466.

[6] Wolfe M.S., *Barley Diseases: Maintaining the Value of Our Varieties*, in Munk L. (a cura di), *Barley Genetics VI*, Munksgaard International Publishers, Copenhagen 1992, pp. 1055-1067.

[7] Markowitz H., *Portfolio Selection*, «The Journal of Finance», 1952, 7(1): 77-91.

[8] Tilman D., Downing J.A., *Biodiversity and Stability in Grasslands*, «Nature», 1994, 367: 363-365.

[9] Renard D., Tilman D., *National Food Production Stabilized by Crop Diversity*, «Nature», 2019, 571(7764): 257-260.

[10] Lazzaroni L., *Altri grani, altri pani*, Guido Tommasi Editore, Milano 2017.

16

Un passo indietro o due passi nel futuro?

Una reazione molto comune quando parliamo in pubblico di miglioramento genetico evolutivo è: «Ma voi ci state riportando indietro!», oppure: «Non vi sembra di andare controcorrente?», o ancora: «Ma non vi rendete conto chi vi state mettendo contro?».

In effetti molti aspetti del miglioramento genetico evolutivo, quando esposti ai contadini, soprattutto ai più anziani, fanno tornare loro alla mente consuetudini del passato. Per molti abbandonare determinate tradizioni ha sicuramente rappresentato un cambiamento da una vita di fatiche a una vita più comoda, ma ha anche significato un minore coinvolgimento e una maggiore dipendenza da altri, come insegna l'esempio del passaggio dal sorgo al granturco in Kenya, di cui abbiamo parlato in occasione dei cibi intelligenti. Inoltre si sono anche perse molte conoscenze, come quelle legate alla conservazione del seme raccolto sulle piante selezionate fino alla semina successiva. Per qualche contadino, quindi, questo essere riportati indietro è stato come «riscoprire il piacere di fare il contadino», per citare Hussein, contadino iraniano, oppure «consentirgli di diventare padrone del proprio futuro», per citare Modesto, contadino molisano.

Andiamo controcorrente? Prima di rispondere a questa domanda, potrebbe essere utile riflettere su dove ci ha portato la corrente e quali sono le alternative.

La corrente, per ricordare i numeri che abbiamo già citato nel libro, ci ha portato a un miliardo di persone denutrite, a due miliardi che mangiano troppo e troppo cibo spazzatura, a undici milioni di morti a causa di diete malsane, a una pandemia di diabete che secondo le ultime stime ha un costo globale di 1,3 trilioni di dollari, e alla previsione dell'Organizzazione mondiale della sanità secondo la quale, se la tendenza attuale non dovesse cambiare, nel 2022 i bambini e gli adolescenti in sovrappeso o obesi saranno più numerosi di quelli denutriti. Coloro che sono in sovrappeso o obesi hanno una probabilità di diventare diabetici cinque volte maggiore di chi ha un peso normale.

Quale sarebbe allora la corrente che dovremmo seguire?

Quella della selezione genomica che, proposta nel 2001,[1] dopo diciotto anni viene ancora citata con espressioni come «il potenziale della selezione genomica per aumentare la rapidità del progresso genetico nel miglioramento genetico»?[2] Oppure quella del *gene editing*, con tutte le problematiche di cui abbiamo discusso e che racchiudono in sé le promesse fatte a proposito dell'applicazione delle biotecnologie in agricoltura?

Ancora oggi vi sono poche prove a supporto delle affermazioni secondo cui l'uso delle biotecnologie in agricoltura avrebbe portato ad aumenti di produzione e conseguenti riduzioni dei prezzi. Come abbiamo visto, gli OGM oggi coltivati non sono stati creati per aumentare la produzione. È vero che controllando le infestanti (e quindi spingendo indirettamente i contadini a usare più diserbanti) o gli insetti o entrambi si dovrebbe ottenere una maggior produzione, ma anche in questo caso le prove che gli OGM producano più delle varietà convenzionali sono scarse.[3] Sta di fatto che a ottobre del 2018 un rapporto sullo stato della sicurezza alimentare e della nutrizione nel mondo pubblicato da cinque organizzazioni internazionali dice che, dopo anni di lento ma costante declino, a partire dal 2014 il numero di persone malnutrite nel pianeta è aumentato per tre anni di fila, raggiungendo nel 2017 una cifra stimata di 821 milioni.[4] E tutto questo mentre gli OGM sono arrivati a occupare 185 milioni di ettari, coltivati da 18 milioni di contadini in 26 paesi (7 sviluppati e 19 in via di sviluppo, dati del 2016).[5]

Su quanti milioni di ettari devono essere coltivati prima di vederne gli effetti promessi? Oppure l'effetto è quello del rapporto appena citato? È questo il risultato a cui ci porta l'attuale corrente?

Ma c'è un'altra corrente, quella dei Big Data – letteralmente «grandi dati», che in realtà più che essere grandi sono tanti –, che ha già in parte investito l'agricoltura con piattaforme informatiche che raccolgono tantissime informazioni su terreno, condizioni climatiche, situazioni di mercato, preferenze dei consumatori, sia per aumentare l'efficienza produttiva dell'azienda sia per facilitare le decisioni del contadino. Chi suggerisce ai contadini di servirsi di queste piattaforme promette un livello di precisione e una quantità di informazioni impensabili fino a poco tempo fa, e che possono essere arricchiti dal contadino stesso con dati relativi alla propria azienda. Le piattaforme informatiche si basano su immagini satellitari e programmi sofisticati, che possono analizzare le condizioni di suolo e clima in ciascun campo e fornire al contadino indicazioni su quali semi, quali prodotti chimici e quali altri input utilizzare per massimizzare la produzione. Ma, anche in questo caso, sono già state avanzate perplessità sulla direzione di questa corrente, in particolare per le implicazioni che può avere sui rapporti di potere tra contadini e grandi corporazioni.[6] Non a caso, nell'annunciare la loro fusione, Monsanto e Bayer davano rilievo a queste piattaforme informatiche che, combinate con i propri semi e prodotti chimici, vanno sotto il nome di soluzioni integrate.

Alla terza reazione di solito rispondiamo che noi ci limitiamo a ricordare ai contadini che la scienza offre loro un'alternativa alle correnti dominanti. Il compianto Norman Simmonds le chiamava *bandwagons* (letteralmente i «carri della banda»).[7]

Un'alternativa che ha tutte le caratteristiche di una soluzione integrata, per usare la terminologia di Monsanto e Bayer, è offerta da un miscuglio o una popolazione che si evolve gradualmente adattandosi a ogni singolo microambiente all'interno della stessa azienda, garantisce una produzione stabile al contadino nonostante le variazioni climatiche da un anno all'altro, è in grado di controllare erbe infestanti, insetti e malattie senza uso di prodotti chimici, si adatta gradualmente al cambiamento climatico, assicura reddito al contadino sia come seme sia come granella, garantisce al consumatore un prodotto salutare e rende il contadino padrone del proprio seme: le popolazioni e i miscugli, grazie alla loro grande diversità, offrono una soluzione immediata a ogni nuovo problema.

I loro semi possono quindi considerarsi, sotto tutti i punti di vista, i semi del futuro.

Note

[1] Meuwissen T.H., Hayes B.J., Goddard M.E., *Prediction of Total Genetic Value Using Genome-Wide Dense Marker Maps*, «Genetics», 2001, 157(4): 1819-1829.

[2] Abed A., Pérez-Rodríguez P., Crossa J., Belzile F., *When Less Can Be Better: How Can We Make Genomic Selection More Cost-Effective and Accurate in Barley?*, «Theoretical and Applied Genetics», 2018, 131(9): 1873-1890.

[3] CBAN, *Do We Need GM Crops to Feed the World?*, GMO Inquiry 2015, Ottawa 2015.

[4] FAO, IFAD, UNICEF, WFP, WHO, *The State of Food Security and Nutrition in the World: Building Climate Resilience for Food Security and Nutrition*, FAO, Roma 2018.

[5] Per maggiori informazioni sulla diffusione degli OGM: https://gmoanswers.com/gmos-globally.

[6] Bronson K., Knezevic I., *Big Data in Food and Agriculture*, «Big Data & Society», 2016, 3(1): 1-5.

[7] Simmonds N.W., *Bandwagons I Have Known*, «Tropical Agriculture Newsletter», 1991, 11(4): 7-10.

Indice